季节性河湖生态复苏技术与应用

范明元　刘海娇　刘彩虹　吴　振　何桂莲　著

黄河水利出版社
·郑　州·

内 容 提 要

本书根据国家当前提出的重点河湖生态流量保障和母亲河复苏行动工作需要,针对季节性河湖的特点,分析了季节性河湖的水文特征,调查了山东省重点河湖断流萎缩情况,提出了复苏名录建议。选取具有典型代表性的泗河和峡山湖,研究了河流健康评估、河流生态水量评测、河流生态复苏、湖泊生态水位管控等技术措施,基本形成了面向季节性河湖的生态复苏技术体系和措施方案,研究提出的关键性技术,可为北方缺水地区开展河湖生态环境综合治理提供有益参考。

本书可供从事河湖复苏行动的技术人员,水资源开发利用、保护、管理等工作者,以及高等院校相关专业师生阅读参考。

图书在版编目(CIP)数据

季节性河湖生态复苏技术与应用 / 范明元等著.
郑州 : 黄河水利出版社, 2024. 8. -- ISBN 978-7-5509-3974-5

Ⅰ. ①X522.

中国国家版本馆 CIP 数据核字第 20244KK043 号

出版顾问:王路平　　电话:13623813888　　E-mail:hhslwlp@ 126. com
组稿编辑:田丽萍　　电话:0371-66025553　　912810592@ qq. com

责任编辑:乔韵青　责任校对:杨秀英　封面设计:张心怡　责任监制:常红昕

出版发行:黄河水利出版社

地址:河南省郑州市顺河路 49 号　邮政编码:450003
网址:www. yrcp. com　E-mail:hhslcbs@ 126. com
发行部电话:0371-66020550、66028024

承印单位:河南承创印务有限公司

开本:787 mm×1 092 mm　1/16

印张:11. 25

字数:270 千字

版次:2024 年 8 月第 1 版　　印次:2024 年 8 月第 1 次印刷

定价:90. 00 元

前　言

河流湖泊是水资源的重要载体,在自然水循环过程中承担着不可或缺的作用,是生态系统的重要组成部分。同时,很多河流、湖泊都与国家、民族以及沿河区域人民世代繁衍生息紧密相关,对所在流域区域地貌发育演化、生态系统演变、经济社会发展格局构建、人类文明孕育、文化传承和民族象征等都产生了重大影响。让河流流动起来,把湖泊恢复起来,已成为人类文明发展的共识。

党的十八大以来,生态文明建设步伐日益加快。习近平总书记提出了“江河战略”,先后多次围绕长江、黄河生态保护和经济发展主持召开座谈会并发表重要讲话。由此,加大河湖生态复苏力度成为各地加强生态文明建设的必然要求。水利部高度重视河湖复苏工作。自2020年以来,以生态流量保障、河湖生态复苏工作为主要抓手,印发了多个文件。其中,2022年7月印发的《母亲河复苏行动方案(2022—2025年)》,使得重点河湖生态复苏工作在全国迅速开展起来。山东省河湖具有典型的季节性特征,自然条件下年径流主要集中在汛期,甚至在一两场暴雨过程。对于山东省这样的我国北方典型缺水地区,需要研究季节性河湖生态复苏切实可行的行动策略和复苏目标。

本书由范明元、刘海娇、刘彩虹、吴振、何桂莲共同撰写,由范明元统稿完成。相关资料主要来源于作者近年来主持完成的多项河湖生态流量保障和复苏行动技术咨询成果。在此,向直接参与项目的陈学群、管清花、王开然、李成光、王爱芹、程元庚、赵伟、赵俊辉等诸多领导、同事表示衷心感谢!另外,相关河湖生态复苏实践得到了流域机构、当地水行政主管部门的大力支持,在此一并表示感谢!

本书的出版得到了山东省自然科学基金青年基金项目“海岸带社会生态系统风险与海水入侵响应机制研究(ZR2021QD043)”、山东省重点研发计划项目“黄河流域多尺度水网构建与生态修复技术研究及应用示范(2023CXGC010905)”、山东省水利科学研究院自选课题项目“基于水权交易的区域多水源综合水价模型研究(SDSKYZX202119)”的资助。成果虽小但收获多多,得到的帮助更多,真是“幸甚至哉”!

由于作者水平有限,书中不当之处在所难免,敬请读者批评指正。

作　者

2024年2月

目　录

第一章　绪　论

天然的河流是一个综合系统,被称为地球的血脉。河流夜以继日地为世间万物输送着水分与营养,为地球生态系统提供着基本而重要的支撑。湖泊多是依附河流形成的水资源调蓄枢纽,对调节河流生态用水发挥着重要作用。世界上的河流湖泊(简称河湖),因其特有的形态而具有极高的水生态价值。在我国北方缺水地区,河湖水文具有明显的季节性特征,这给其水生态复苏造成了巨大的挑战。然而,新时代生态文明社会建设的大背景,需要在坚持"以水定河"原则基础上,持续推进季节性河湖水生态复苏工作。

第一节　河湖形态与功能

河湖,因其形态而具有一定的功能,受自然演进和人类社会发展的共同作用而形成了特定的水生态价值。

一、河湖形态

(一)河流形态

河流是一个自然的综合系统,主要由河源、干流、支流、河口及其三角洲等组成。河流的干流和支流,以及支流的支流,形成了遍布整个流域的网状水系。在人类诸多大小调水工程的帮助下,河流与河流的联系越发紧密,孕育出了可以改变区域发展格局的水网。

河流依其河道的形态,可分为以下几种类型:

一是直线型河流,呈直线状,河道中水位高低基本一致,岸坡陡峭,水流湍急。

二是波动型河流,呈波浪状,河道呈S形或M形弯曲,水位高低变化较大,岸坡平缓,水流湍急。

三是谷地型河流,呈V字形谷地,河道深且弯曲,两侧山峰陡峭,水位高低较大。

四是平原型河流,河道宽阔、缓坡,没有明显的岸线和高度差异,水流平缓。

五是漫滩型河流,河床巨石、块石淤积于堤岸外,有多条通道,水流湍急,河床高度不断上升并形成漫滩。

六是复合型河流,河道自上而下受地形地貌影响,先后出现两种以上变化形态,并往往在某个特定区域内出现明显拐点,称为关键段。关键段两侧是直线或几乎是直线,水流湍急。

(二)湖泊形态

湖泊,是指湖盆及其承纳的水体。其中,湖盆是地表相对封闭可蓄水的天然洼地。湖泊按成因可分为构造湖、火山口湖、冰川湖、堰塞湖、岩溶湖、风成湖、海成湖、河成湖和人工湖(水库)等9类。

一是构造湖,是在地壳内力作用下形成的构造盆地上经储水而形成的湖泊,一般具有十分鲜明的形态特征,即湖形狭长、湖岸陡峭且沿构造线发育,水深而清澈。

二是火山口湖,系火山喷火口休眠以后积水而成,其形状是圆形或椭圆形,湖岸陡峭,湖水深不可测。

三是冰川湖,是由冰川挖蚀形成的坑洼和冰碛物堵塞冰川槽谷积水而成的湖泊。

四是堰塞湖,火山喷出的岩浆、地震引起的山崩和冰川与泥石流引起的滑坡体等壅塞河床,截断水流出口,其上部河段积水成湖。

五是岩溶湖,是由碳酸盐类地层经流水的长期溶蚀而形成岩溶洼地、岩溶漏斗或落水洞等被堵塞,经汇水而形成的湖泊。

六是风成湖,沙漠中低于潜水面的丘间洼地,经其四周沙丘渗流汇集而成的湖泊。

七是海成湖,泥沙沉积使得部分海湾与海洋分割而成,通常称作潟湖。

八是河成湖,为河流摆动和改道而形成的湖泊,包括天然堤堵塞支流而潴水成湖、河流本身被外来泥沙壅塞潴水成湖、河流裁弯取直后废弃的河段形成牛轭湖等情形。

九是人工湖(水库),即人类利用河流或洼地筑坝形成的湖泊,包括景观湖和大型水库。

本书中所述湖泊,除特别说明外,均指依附于河流建设而成的人工湖泊,即水库。

二、河湖功能

正所谓有河湖的地方就有生命,就会形成丰富多彩、生机盎然的生态系统。究其原因,是河湖依托其形态发挥着自然、社会和生态功能。

(一)河流功能

河流遍布世界各地,犹如地球的血脉,为地球上的生命输送着源源不断的养分,也承纳着各个生态系统的排出物。河流系统各结构组成相互作用,协调运行,实现河流的各项功能。河流系统自然结构主要完成调蓄洪水、稳定河床等河道结构的自我调节功能,同时也发挥出诸多的社会服务功能。同时,河流系统维持生态系统的动态平衡和可持续性,从而产生生态功能。

河流的自然调节功能,是指其在自然演变、发展过程中,在水流的作用下,起着调蓄洪水的运行、调整河道结构形态、调节气候等方面的作用。由此,进一步发挥出水文调蓄、输送物质与能量、塑造地质地貌,以及调节周边气候等自然功能。

河流的社会服务功能,是指河流在社会的持续发展中所发挥的功能和作用,主要包括物质和精神两个层面。在物质层面,主要包括河流系统为生产、生活所提供的物质资源,治水活动所产生的各种治河科学技术、水利工程,以及由此带来的生活上的便利和社会经济效益等;在精神层面,则包括文化历史、文学艺术、审美观念、伦理道德、哲学思维、社风民俗、休闲娱乐等。

河流的生态功能,是指其为河流内以及流域内和近海地区的生物提供营养物质,为它们运送种子,排走和分解废弃物,并以各种形态为它们提供栖息地,使河流成为多种生态系统生存和演化的基本保证条件。正因为如此,河流系统对于生态系统而言具有栖息地供应、通道、过滤和屏蔽作用,以及源汇过程保障等功能。可以说,河流是自然界物质循环和能量流动的重要通道,在生物圈的物质循环中起着重要作用。

（二）湖泊功能

湖泊是地球上重要的自然资源和生态系统，因其有一定规模的水体和水面而可实现更多特定的功能。湖泊的主要功能可从以下3个方面予以概述：

一是自然调节功能，包括水量调节和温度调节。湖泊是水循环的重要组成部分，其水体中的部分水分子可以蒸发至空中，形成水蒸气，进入大气层，进而降雨或降雪，维持水文循环的平衡。同时湖泊也吸收并存储雨水，减少洪水和干旱等自然灾害。在温度调节方面，湖泊能够利用自身水体调节周围地区的气温。在春天和秋天，湖水吸收太阳能后，温度变化缓慢，使周围环境保持温暖；而在夏天，湖水能够吸收大量热量，使周围环境变得凉爽。

二是社会服务功能，包括供水、文化休闲等。湖泊能够存储大量雨水、融雪水和地下水，可向城市和农村人畜提供清洁水源，还可向农业、工业、发电等提供用水。与此同时，湖泊还是人们休闲娱乐和旅游的重要场所，为人们进行游泳、划船、钓鱼、徒步旅行等各种户外运动提供良好的环境条件。

三是生态保护功能。湖泊支持着生物多样性，提供了许多动植物的栖息地和繁殖地，包括鱼类、鸟类、昆虫和植物等。同时，湖泊还能减少土壤侵蚀和水土流失，维护和保护环境景观和生态系统。

第二节　河湖生态复苏的时代背景

加快推进季节性河湖水生态复苏工作具有鲜明的时代背景，是中国特色社会主义事业进入新时代谋求高质量发展的必然要求，也是山东省加快新旧动能转换、建设“大美山东”的必然选择。

一、国家生态文明社会建设背景

党的十八大提出了中国特色社会主义事业经济建设、政治建设、文化建设、社会建设和生态文明建设“五位一体”的总布局，把生态文明建设提到前所未有的高度。2015年，国务院印发了《水污染防治行动计划》（国发〔2015〕17号）（简称“水十条”），明确提出：要科学确定生态流量，加强江河湖库水量调度管理，维持河湖生态用水需求，重点保障枯水期生态基流。党的十九大以来，党中央对河湖治理更加重视。习近平总书记先后主持召开了推动长江经济带发展座谈会和黄河流域生态保护和高质量发展座谈会，并发表了重要讲话，提出：为了治好“长江病”，要科学运用中医整体观，追根溯源、诊断病因、找准病根、分类施策、系统治疗，正确把握生态环境保护和经济发展的关系，探索协同推进生态优先和绿色发展的新路子；要坚持绿水青山就是金山银山的理念，坚持生态优先、绿色发展，以水而定、量水而行，因地制宜、分类施策，上下游、干支流、左右岸统筹谋划，共同抓好大保护，协同推进大治理，着力加强生态保护治理、保障黄河长治久安、促进全流域高质量发展、改善人民群众生活、保护传承弘扬黄河文化，让黄河成为造福人民的幸福河。习近平总书记的讲话为新时期加强河湖治理指明了方向。由此，加大河湖生态复苏力度成为各地加强生态文明建设的必然要求。

水利部高度重视河湖复苏工作。2020 年 3 月，印发《关于开展全国生态流量保障重点河湖名录编制工作的通知》，要求编制全国生态流量保障重点河湖名录，分批分级确定生态流量（水位）目标并开展保障工作。2020 年 4 月，印发《关于做好河湖生态流量确定和保障工作的指导意见》。为河湖生态流量（水量）确定和保障工作提供了更加明确具体的指导意见。2020 年 7 月，印发《关于全国重点河湖生态流量确定工作方案的通知》，明确全国重点河湖生态流量确定工作方案的具体内容。2021 年 12 月，印发《关于复苏河湖生态环境的指导意见》和《“十四五”时期复苏河湖生态环境实施方案》，明确了复苏河湖生态环境的主要目标，系统部署各项任务措施。2022 年 7 月，印发《母亲河复苏行动方案（2022—2025 年）》，要求全面排查断流河流、萎缩干涸湖泊，分析河湖生态环境修复的紧迫性和可行性，确定 2022—2025 年母亲河复苏行动河湖名单，制定并实施母亲河复苏行动“一河（湖）一策”方案，优化配置水资源，恢复河湖良好连通性，恢复和改善河道有水状态，恢复湖泊水面面积，修复受损的河湖生态系统，确保实施一条、见效一条，让河流恢复生命、流域重现生机。2022 年 12 月，印发了《母亲河复苏行动“一河（湖）一策”方案提纲》。由此，重点河湖生态复苏工作在全国迅速开展起来，成为各地推进水利高质量发展的重要路径。

二、区域生态保护与高质量发展背景

目前，山东省正大力推进“大美山东”建设，《山东省黄河流域生态保护和高质量发展规划》提出了建设黄河下游绿色生态廊道、实施环境污染系统治理、推进水资源节约集约利用、全力保障黄河下游长治久安、保护传承弘扬黄河文化等要求。所谓大美山东，美在景观，自然风光秀丽，文物古迹众多；大美山东，美在旅游，揽山水之幽，得人文之胜；大美山东，美在生态，生态美则山东美，生态兴则山东兴。河湖生态与沿河区域人民世代繁衍生息紧密相关，对所在流域区域地貌发育演化、生态系统演变、经济社会发展格局构建、人类文明孕育、文化传承和民族象征等起到重要作用。因此，让河流动起来、景观美起来、生态好起来、效率高起来、安全提起来，是实现山东景观、旅游、生态之美的基础，也是山东推进黄河流域生态保护和高质量发展的主要途径与阵地。

山东省高度重视重点河湖生态流量保障工作。早在 2015 年，山东省人民政府印发了《山东省落实〈水污染防治行动计划〉实施方案》，明确要求编制重点流域生态流量（水位）试点工作实施方案，分期分批确定主要河流生态流量和湖泊水库以及合理的地下水位。山东省水利厅于 2016 年组织开展泗河、小清河生态流量试点工作，编制了生态流量试点控制方案、调度运行管理方案。2019 年，山东省水利厅又组织编制了峡山水库生态水位试点方案。上述试点为山东省典型河流生态流量调度管理工作积累了初步经验。此外，据不完全统计，山东省内青岛、淄博、泰安、烟台等市也陆续开展了境内河流生态流量试点工作，编制了相关的实施方案，为下一步重点河湖生态复苏工作奠定了基础。

然而，山东是一个水资源十分匮乏的省份，集人口大省、农业大省、工业大省于一体，水资源供需长期处于紧平衡状态，生态用水保障矛盾十分突出。与此同时，省域内河湖普遍具有季节性水文特征，自然条件下年径流主要集中在汛期，甚至集中在一两场暴雨过程。基于如此不利的省情、水情，河湖生态复苏既不能“躺平”，更不会“躺赢”。而对于山东省这样的我国北方典型缺水地区,如何制定季节性河湖生态复苏切实可行的行动策略和保障目标,如何以系统观念来指导综合技术的应用,如何实现重点河湖生态环境的逐步恢复和稳步改善,显然需要开展新的探索和实践。

综上所述,我国生态文明建设逐步加快,事关江河湖泊健康、生态文明建设的河湖生态流量保障和复苏工作也进入了新阶段。山东省作为我国北方典型的缺水省份,水资源供需矛盾十分突出,河湖生态脆弱,生态流量保障和复苏任务更加艰巨,需要开展更多的研究和实践。

第三节 季节性河湖生态复苏技术体系

河湖保持良好的形态与生态功能,高度依赖于良好的水文条件。正因为如此,季节性河湖因其不利的水文特征和条件,造成生态复苏特有的困难。为便于讨论,本书从基本概念解析入手,针对季节性河湖水文特征,提出季节性河湖生态复苏技术体系。

一、基本概念解析

河湖水生态复苏工作涉及诸多生态用语,需要厘清很多基本概念。水利部水利水电规划设计总院李原园等于2019年在《中国水利》发表的《新时期河湖生态流量确定与保障工作的若干思考》中指出,生态流量是一个复杂的概念,目前国内外尚未形成明确统一的定义。由于研究对象不同,以及应用范围的差异,不同学者和机构对生态流量有不同的称谓。事实上,远不止生态流量这一概念,涉及生态流量保障工作的很多概念都还没有形成统一的认识。本书以水利部印发的相关文件给出的定义或说法为基础,并参考国内外具有代表性的专家观点,进行必要的探讨。

(一)河湖生态复苏

此处的生态可以认为是生态环境,即"由生态关系组成的环境"的简称,是指与人类密切相关的、影响人类生活和生产活动的各种自然(包括人工干预下形成的第二自然)力量(物质和能量)或作用的总和,是一个由人的作用、生物、自然条件构成的完整系统。"复苏",亦作"复甦",是苏醒、恢复生机的意思。河湖生态复苏,就是对于那些生态环境退化或恶化的河湖,采取综合措施促进生态环境因子向好改善,实现其生命活动的重生、恢复和提升。当前阶段,应当围绕水资源这一灵魂,让水利工程、水网体系、数字化等建设为水资源调度与配置提供基础支撑,为河湖生态复苏提供保障。

(二)生态流量、生态水量和生态水位

据水利部《关于做好河湖生态流量确定和保障工作的指导意见》,河湖生态流量是指为了维系河流、湖泊等水生态系统的结构和功能,需要保留在河湖内符合水质要求的流量(水量、水位)及其过程。可见,在一般情况下讨论的生态流量,其实是一个统称,包括流量、水量、水位等多种外在表现形式。因此,保障河湖生态流量,可以是保障一定的流量(如生态基流),也可以是保障一定的水量(如丰水期生态水量、全年生态水量),还可以是维持一定的水位。于是,生态流量这一概念衍生出生态水量、生态水位这两个新的概念。

(1)生态水量,可以理解为基本生态环境需水量,指为维持河湖给定的生态环境保护

目标对应的生态环境功能不丧失,需要保留在河道内的最小水量(赵钟楠,2018)。

(2)生态水位,主要是针对湖泊或湖泊型河道而言(如平原河网),可以理解为湖泊最低生态水位,指为维持生物多样性和生态系统完整性且不对生态环境及自身造成严重破坏的最低运行水位(李新虎,2007)。对于一些拦蓄水设施,也可采用生态水深来表达水位需求。

需要指出的是,无论是流量、水量还是水位(水深),对于强化生态用水保障、改善生态环境而言并不是非此即彼的关系,在实践中可相互转换,特别是在监测和预警等环节具有相互辅助、验证等作用。

(三)生态基流、敏感生态流量、最低生态水位和最小下泄流量

《水利部关于印发第一批重点河湖生态流量保障目标的函》(水资管函〔2020〕43号),对生态基流、敏感生态流量、最低生态水位和最小下泄流量的概念做了说明。其中,生态基流是为维护河湖等水生态系统功能不丧失,需要保留的底限流量(水量、水位、水深)过程中的最小值;敏感生态流量是指维系河湖生态保护对象敏感期正常生态功能所需要的流量(水量、水位、水深)及其过程;最低生态水位是指维持湖泊基本生态功能所对应的最低水位;最小下泄流量是满足河流生态基流和下游河道外基本生活生产用水需求的流量(水量、水位、水深)过程。

可以看出,水利部对于各种涉及流量的概念定义,其实都包含着水量、水位、水深等多种内涵或表现形式。也表明,对于全国各地不同的河湖,可以结合实际情况选择具体的生态保障类型或表现形式。

(四)河道内基本生态环境需水量和河道内目标生态环境需水量

水利部发布的《河湖生态环境需水计算规范》(SL/T 712—2021)明确了河道内基本生态环境需水量和河道内目标生态环境需水量两个概念。其中,河道内基本生态环境需水量是维护河流、湖泊、沼泽给定的生态环境保护目标所对应的生态环境功能不丧失,需要保留在河道内的最小水量;河道内目标生态环境需水量是河流、湖泊、沼泽给定的生态环境保护目标所对应的生态环境功能正常发挥,需要保留在河道内的水量。

可以看出,无论是河道内基本生态环境需水量,还是河道内目标生态环境需水量,该规范都明确为一定的水量,对流量及其过程未涉及。

(五)季节性河流

《土地大辞典》中,将季节性河流定义为"一年中有些季节有水,有些季节断水的河流"。《中国江河地貌系统对人类活动的响应》一书中将季节性河流定义为"一年中某一季节或一个较长时间中干涸无水的河流",并将人为季节性河流定义为"受人类活动强烈影响而演变为季节性河流的常流河"。许炯心于2000年9月在《地理研究》期刊上发表的《人为季节性河流的初步研究》,阐释了常流河、季节性河流、天然季节性河流和人为季节性河流,具有较好的借鉴意义。其中,常流河指河道中具有永久性水流即常年维持一定流量的河流;季节性河流指一年中某一季节或一个较长的时间中干涸无水的河流;天然季节性河流指天然条件下,径流年内分配不均,差异较大,随季节的改变而出现显著季节性变化规律的河流;人为季节性河流指在天然情况下应属于常流性河流,只是在人类活动的强烈影响下,正在或已经演变成为季节性河流。

(六)季节性湖泊

据百度百科,季节性湖泊是指季节性积水的湖泊。在雨季降水多时,积水成湖,而在旱季或特殊干旱年份时即干涸。在缺水地区,表现在湖泊水位随季节性变化剧烈,甚至出现短期或长期的干涸现象。

(七)(季节性河流)有水期与丰水期

有水期,顾名思义,就是一年中季节性河流能够保持有水(包括流量、水量、水位等中的一个或多个要素)的时期,与之相对应的就是无水期;丰水期,就是一年中季节性河流维持水量(包括流量、水量、水位等中的一个或多个要素)最为丰富的一段时期,与之相对应的就是枯水期。处于我国西北部的大多数河流,一年中可以划分出较为明显的有水期和无水期,即有水期有水、无水期无水。受大气条件等因素影响,不同地区季节性河流水量分布差别很大,有的就难以划分出明显的有水期和无水期,但可以大体确定丰水期和枯水期。

二、季节性河湖水文特征

本书结合山东省降水特征,分析季节性河湖的水文特征。

(一)区域降水特征

据《山东省水资源综合规划》,山东省各代表雨量站多年平均年降水量为 534.2~889.0 mm,多年平均连续最大 4 个月降水量为 389.9~639.1 mm,占年降水量的 70%~80%。一年中以 7 月降水量最多,为 148.3~256.2 mm,占全年降水量的 21.3%~35.5%;8 月次之,为 111.7~212.2 mm,占全年降水量的 18.6%~29.0%。无独有偶,第三次水资源调查评价结果也表明,全省年降水量约 1/2 集中在 7—8 月,最大月降水量多发生在 7 月;天然年径流量年内分配非常不均匀,汛期 6—9 月径流量占全年径流量的 79%,其中 7 月、8 月径流量约占全年径流量的 60%。

费艳琴等于 2013 年在《中国农学通报》上发表的《山东夏季及夏季各月降水的时空分布特征》,从气象角度分析了山东雨季的分布时期及其成因。该文指出,山东处于中纬度,东接太平洋,西连亚欧大陆,受海洋和大陆的影响,属暖温带大陆性季风气候,四季分明,降水时空分布不均。夏季在副热带高压控制下,天气闷热而潮湿,从高纬度地区南下的冷空气与水汽丰富的海洋气团在山东相遇,常常产生大范围的强降水,因此夏季是一年中降水最多、最集中的季节。6 月中旬至 7 月上旬,西北太平洋副高第 1 次北跳后,脊线位于 20°N~25°N,江淮梅雨开始,在梅雨后期(6 月末至 7 月初),山东进入雨季。7 月中旬副高第 2 次北跳,脊线到达 25°N 附近,华北雨季开始。8 月下旬副高开始南撤,雨带也开始南退,8 月底或 9 月初山东雨季结束。

(二)具体特征

如前所述,山东省雨季主要集中在 7—8 月。另据调查,山东省河流绝大部分属于雨源型河流,来水量随暴雨过程陡涨陡落,而受各类拦蓄工程滞蓄作用影响,暴雨之后河道内水流一般能维持一段时期。总的特点是,暴雨集中期内水量相对丰富,能维持较大的水量或流量;其他时期,河床水量较少,甚至断断续续出现断流现象。因此,受雨季降雨及河道调蓄工程设施的综合影响,9 月水量也较为丰富,即一年中 7—9 月为水量最集中的一段时期，约占全年总径流量的70%。

对山东省49条大型河流长系列实测径流资料统计表明，84%的河流出现断流，最大断流年数达37年，一年内最大断流天数达365 d。一般而言，满足以下条件之一的即可认为是山东省典型的季节性河流：

（1）出现断流现象的年数达到系列总年数的20%以上；

（2）出现连续6个月以上断流的现象；

（3）多年平均断流天数在30 d以上；

（4）多年平均最大1个月径流量占全年总径流量的40%以上，或最大2个月径流量占全年总径流量的60%以上。

山东省境内大多数河流具有明显的季节性特征，但难以划分出明确的有水期和无水期。结合降水特征，则大体可以确定丰水期和枯水期，即一般性河、湖丰水期为7—9月，枯水期为10月至翌年6月。当然，对于区域特殊性河湖丰枯水期，可结合长系列径流、水位资料个别分析确定。

三、季节性河湖生态复苏难点与技术体系

（一）生态复苏难点

季节性河湖因其水文条件的剧烈变动而带来了诸多不确定性，进而给生态复苏造成了不少难点：

一是复苏目标难以确定。季节性河湖，往往洪水泛滥与断流萎缩并存，常年流水与全年断流干涸相随，水清质优与黑臭污浊同在。如此一来，在制定复苏目标时，河流形态、行洪安全、基流稳定、水量保障、水质改善等方面似乎都应当纳入其中。最终的结果，一般意义上的生态复苏与河道综合治理混为一谈了。

二是复苏措施难以界定。当复苏目标出现泛化现象的时候，随之而来的是复苏措施边界的模糊。大致来看所有河道综合治理措施都有利于生态复苏，但细究之下又总与复苏目标隔着一段不小的距离，成效更难立竿见影。复苏目标的遥不可及与资金投入的海量估算，使得复苏措施性价比并不高，其选取也变得扑朔迷离。

三是复苏手段难以抉择。水利事业发展到当前阶段，“工程是基础，管理是关键”大体已经成为共识。对于季节性河湖生态复苏，“建管并重”的原则也不难确立。但问题在于，季节性河湖地区水资源供需矛盾十分突出，用于生态复苏的工程基础应达到怎样的规模、管理韧性应保障怎样的程度，把握起来十分困难。更何况，“建易管难”在很多基层地区也是不争的事实。

四是复苏成效难以评估。在缺水地区，季节性河湖有没有水，有多少水，很大程度上“由天不由人”。在有利年份，生态复苏目标可以轻易实现且成效显著；而在不利年份，纵然使出百分之百的努力也不能保证复苏目标全部实现，成效更加难以预测。

（二）生态复苏技术体系

基于季节性河湖的不确定性因素分析，大体可以提出其生态复苏的技术体系，主要包括如下5个方面。

1. 断流萎缩调查技术

绝大部分的河槽断流、湖泊萎缩都存在一个甚至多个诱因，以及逐步发展演进的过程。断流萎缩调查不仅要关注当前实际发展的现象，更要揭示历史发生发展的过程，并开展归因分析。对于近年发生的现象，一般利用水文数据开展统计分析即可。但对于观测数据不足甚至缺失的历史时期的调查，则可能需要应用遥感解译和地质勘察、反演模拟等方面的技术。

2. 河湖水文分析技术

河湖水文分析的意义在于，选取尽可能少的指标来反映河湖的整体水文特征。因此，开展河湖水文分析需要先从区域宏观尺度判断河湖在水文方面的类型，再选取具有典型表征物质的指标开展具体的计算分析。在此过程中，还要针对河湖生态复苏的阶段性目标，确定出适宜的水文分析时间和空间尺度。

3. 河湖健康评估技术

与水文分析不同，河湖健康评估更加侧重于对河湖生态环境状态开展全面的检查、评估，从而找到造成或威胁河湖生态退化、环境恶化的主要影响因素。目前，国家有关部门已制定发布了相关规范标准，可以做到有章可循。但需要特别注意的是，既定的规范标准可能更加注重同一性，对于河湖个体间的差异则需要在指标筛选、等级划分等方面开展更多针对性的基础工作。

4. 复苏目标评测技术

制定科学适宜的复苏目标，有利于指导各级各部门协同开展统一的复苏行动，落实各项措施。然而，当制定的复苏目标成为上级部门拿来严肃考核下级工作绩效的依据时，下级自然或不自然地倾向于把目标定得低一些。事实上，目标过高或过低都不利于推进河湖生态复苏，需要从禀赋条件、工程基础、调度能力、管理水平等多个维度开展权衡，通过评测可达性来找到大家都能接受的复苏目标。

5. 复苏措施配置技术

正如前文所述，针对季节性河湖生态复苏目标应采取的措施可能变得非常宽泛，甚至站在不同部门、不同角度来看都有其合理性。然而，真正实施起来所要面对的各种约束条件却要求决策者不得不做出取舍。由此，就需要围绕河湖生态复苏目标，结合实际存在的突出生态问题、措施实施周期及投入、产生的直接成效等因素开展措施间的配置，包括但不限于生态水量调节设施建设、各级拦河闸坝泄放设施建设、河道子槽修复、基于生态补水的水系连通工程建设、生态护岸建设、生态流量监测与预警、闸坝群联合调度等。

毋庸置疑，完成上述技术的研究和应用是一项宏大的系统工程，短期内难以实现。本书基于开展的阶段性工作取得的成果，经总结提炼而成，涉及的技术内容尚显肤浅，有待进一步的实践和深化。但这些工作足以让我们形成一些值得借鉴的共同认识。归总起来，其核心要义就是“以水定河”，即以河湖水资源禀赋和水文条件为基础，科学确定生态复苏目标，坚持先易后难、先急后缓，坚持统筹推进、量力而行，逐步改善河湖生态环境，通过河湖水体生态环境的复苏促进人水和谐共生。

第二章　河湖断流萎缩调查与复苏名录

对于天然的河流、湖泊而言,断流、萎缩是其生态退化最直接、突出的表现,目前已被认定为河湖丧失生命力的首要判断依据。开展河湖生态复苏,当然要对区域众多河湖开展调查,摸清河湖断流萎缩状况和成果,筛选出重点河湖作为开展生态复苏的对象。本书以山东省重点河湖调查和省级复苏名录为例,展示相关的工作过程。

第一节　山东省河流分布及其特点

一、河流概况

(一)自然地理

山东省位于我国东部沿海,地处黄河下游,分属黄河、淮河、海河三大流域。地理上分为半岛和内陆两部分,半岛突出于黄海、渤海之间;内陆部分,北与河北省为邻,西以河南省为界,南与安徽省、江苏省接壤。全省陆地面积 15.79 万 km^2,占全国陆域国土面积的 1.64%,其中山地面积占全省陆地面积的 15.51%,丘陵面积占 13.19%,平原和盆地面积占 62.72%,滨海地和滩涂面积占 5.34%,现代黄河三角洲面积占 3.24%。

(二)地形地貌

山东省东临海洋,西接华北平原,泰沂山脉横亘中央,地形地貌复杂。根据地形特征,可以分为泰沂山区、胶东半岛低山丘陵区和鲁西北、鲁西南平原区三大部分。

(1)泰沂山区位于鲁中南地区,西起泰山,东至沂山,自西向东构成一断续的、略呈弧形的泰沂山脉,成为泰沂山脉南北山地、丘陵的脊背,地势最高,其中泰山岱顶海拔 1 545 m,鲁山顶峰海拔 1 108 m,沂山顶峰海拔 1 031 m,蒙山平卧于泰沂山脉之南,主峰龟蒙顶海拔 1 150 m。地势自山脊向南北两侧倾斜,中部多分布着海拔 800 m 的中山,丘陵坡地一般海拔在 200~500 m,并逐渐过渡到海拔 40 m 以下的山前平原和黄泛平原,黄河三角洲地势最低,海拔仅 2~3 m。各主要山脉之间分布着许多小型山间盆地和河谷平原。山丘区土壤以粗屑质褐土和棕壤土复合镶嵌分布,土层浅薄,水土流失严重,蓄水保肥力差;山间盆地和河谷平原主要为普通棕壤、潮棕壤复区及潮褐土、淋溶褐土复区,保水保肥能力较好,土层深厚,耕作性能良好,是当地农业生产的高产基地。

(2)胶莱河谷以东为胶东半岛低山丘陵区,地形起伏多变,自西向东由大泽山、艾山、牙山、昆嵛山、伟德山等山脉构成一东西向的断续低山区。昆嵛山主峰海拔 922 m,南部崂山顶海拔 1 133 m,其余各山海拔在 500~800 m;丘陵地势平坦,海拔为 200~300 m;平原区海拔为 50 m 左右,较大的平原有大沽河、胶莱河等河谷平原以及滨海平原;还有莱阳、桃村等局部盆地。这一地带山丘区粗骨棕壤和普通棕壤呈复区分布,粗骨棕壤面积居多,土层较薄;河谷平原以普通砂姜黑土为主并有部分潮土,土壤肥沃;滨海平原由于受海潮影响,出现部分盐碱土。

(3)鲁西北和鲁西南地区主要为黄泛平原,从湖西到胶莱河谷,呈一大弧形环绕在泰沂山区的西北两侧,地势平坦,微地貌多变,地面高程由西南向东北逐渐降低,菏泽、曹县一带地面高程降至 50 m 以下,到黄河三角洲地面高程不到 10 m,靠近莱州湾一带的地面高程仅 3~4 m。内陆以壤土和粉砂壤土为主,滨海以粉砂土为主,还有部分盐碱土。

(三)水文特征

山东省属暖温带半湿润季风气候区,气候具有明显的过渡特征,四季界限分明,温差变化大,雨热同期,降雨季节性强。山东省 1956—2016 年平均年降水总量为 1 054 亿 m^3,相当于面平均年降水量 673.0 mm。年降水量总的分布趋势是自鲁东南沿海向鲁西北内陆递减。崂山和昆嵛山等高值区年降水量超过 1 000 mm,鲁西北低值区年降水量不足 500 mm。

山东省年降水量约 3/4 集中在汛期 6—9 月,约 1/2 集中在 7—8 月,最大月降水量多发生在 7 月。雨季较短、雨量集中,降水量的年内分配很不均匀。全省各地年降水量极差 525~1 491 mm,极值比 2.3~6.6。全省各地年降水量变差系数 C_v 值为 0.20~0.35。年降水量的多年变化过程具有明显的丰、枯水交替出现的特点,连续丰水年和连续枯水年现象十分普遍。

(四)河流水系

山东省河流均为季风区雨源型河流,分属黄河、淮河、海河流域及独流入海水系。按水利部《全国水资源分区》的统一规定,全省水资源分区包括 3 个一级区、4 个二级区和 10 个三级区(4 个三级亚区)。

由于山东半岛三面环海,雨水集中,有利于河系的发育,全省平均河网密度为 0.24 km/km^2。境内主要河道除黄河横贯东西、大运河纵穿南北外,其他中小河流密布全省。干流长度大于 10 km 的河流共计 1 552 条,可分为山溪性河流和平原坡水性河流两大类。

山溪性河流主要分布在鲁中南山区和胶东半岛地区。在鲁中南山区以泰沂山脉为中心,形成了一个辐射状水系,向南流的有沂河、沭河两大水系,经江苏省入海;向北流的主要有潍河、弥河、白浪河及小清河的主要支流绣江河、孝妇河、淄河等,均注入渤海莱州湾;向西流的主要河流为大汶河,经东平湖注入黄河,其他还有泗河、城漷河、白马河、十字河、薛城大沙河等均流入南四湖;向东流的主要河流有绣针河、巨峰河、付疃河、潮白河、吉利河、白马河等。在胶东半岛地区,由大泽山、艾山、昆嵛山、伟德山等构成一个西南东北向的天然分水岭,形成了一个南北分流的不对称水系,北流入渤、黄海的有界河、黄水河、大沽夹河、沁水河、辛安河等;南流入黄海的有大沽河、五龙河、母猪河、乳山河等。在泰沂山区和胶东半岛低山丘陵区之间的南、北胶莱河分别流入胶州湾和莱州湾。

平原坡水性河流也分两部分,在鲁北平原区海河流域内,除漳卫新河穿过冀鲁边界外,主要有徒骇河、马颊河和德惠新河,徒骇河、马颊河均发源于河南省,由西南向东北汇集鲁北平原大部分地表径流,平行流入渤海湾。在湖西平原,主要有洙赵新河、万福河和东鱼河等自西向东流入南四湖。

山东省的湖泊主要有淮河流域内的南四湖、黄河流域内的东平湖(全省水利普查中列为水库)和小清河流域内的白云湖、青沙湖、马踏湖等。南四湖是山东省境内最大的淡水湖泊，由南阳湖、独山湖、昭阳湖、微山湖4个相连的湖泊组成，湖面面积1 266 km^2。南四湖南北长126 km，东西宽5～25 km，南部微山湖、北部独山湖比较开阔，中部昭阳湖狭窄，称为湖腰。1960年在南四湖湖腰处修建成二级坝枢纽工程，将南四湖分为上、下两级，上级湖湖面面积602 km^2，下级湖湖面面积664 km^2。南四湖承接鲁、苏、豫、皖四省31 700 km^2 的来水。南四湖下级湖蓄水位32.5 m（废黄河高程）时，相应库容7.78亿 m^3；上级湖蓄水位34.2 m时，相应库容9.24亿 m^3。

东平湖（全省水利普查中列为水库）是山东省境内的第二大淡水湖泊，位于东平、梁山、汶上三县交界处，西靠梁济运河，北临黄河，东有大汶河流入，是接纳和处置黄河下游及大汶河大洪水和特大洪水的调蓄水库，库区总面积627 km^2，是1958年兴建的位山水利枢纽的一部分。湖区由二级湖堤分隔为老湖区和新湖区两部分，老湖区现状主要接纳大汶河入流和调蓄黄河的中小洪水，常年有水，面积209 km^2，防洪最高蓄水位46.0 m（大沽高程），相应库容11.94亿 m^3；新湖区面积418 km^2，防洪蓄水位44.0 m。

（五）水环境质量状况

采用第三次水资源调查评价成果中河流水质评价及地表水功能区水质达标评价成果来说明全省水环境质量状况。

1. 河湖水质状况

全省全年期评价河流总河长9 260.56 km，其中Ⅰ类标准水质河流长度为80.70 km，占0.9%；Ⅱ类标准水质河流长度为1 480.60 km，占16.0%；Ⅲ类标准水质河流长度为2 569.86 km，占27.7%；Ⅳ类标准水质河流长度为2 174.80 km，占23.4%；Ⅴ类标准水质河流长度为1 016.30 km，占11.1%；劣Ⅴ类标准水质河流长度为1 938.30 km，占20.9%。主要污染物是化学需氧量、五日生化需氧量和高锰酸盐指数。

全省评价湖泊7处：南四湖、东平湖、大明湖、白云湖、芽庄湖、麻大湖和东昌湖。全年期水质评价结果：南四湖、白云湖、东昌湖、东平湖均为Ⅲ类；大明湖为Ⅳ类，主要超标项目为总磷；麻大湖为Ⅳ类，主要超标项目为氟化物和化学需氧量；芽庄湖为劣Ⅴ类，主要超标项目为总磷、化学需氧量和五日生化需氧量。总体非汛期水质好于汛期。

营养状态评价，7个湖泊中南四湖、白云湖，麻大湖、东平湖和东昌湖5个为轻度富营养，占71.4%；大明湖和芽庄湖2个为中度富营养，占28.6%。

2. 水功能区达标情况

目前，全省共有水功能区299个，总代表河长9 993.7 km。在现有水功能区中，有5个入境缓冲区、3个无水质目标的排污控制区、1个潮汐河段水功能区和36个连续断流超过6个月的水功能区，这些水功能区不参与达标评价分析。因此，共对254个水功能区水质达标情况进行评价。

据全因子评价结果，254个水功能区中有142个达标，达标率55.9%。评价河长9 058.8 km，达标河长4 969.0 km，占总河长的54.9%；评价水面面积1 473.84 km^2，达标水面面积1 451.72 km^2，占总水面面积的98.5%，见表2-1。

（六）水生态状况

1. 实测径流量显著减小

据第三次水资源调查评价成果，经对14条主要河流开展调查，对比水文站天然径流量(全年、汛期、非汛期)与实测径流量(全年、汛期与非汛期)系列成果,采用 Mann-Kendall 法分析代表站 1956—2016 年河道内天然径流量和实测径流量在全年、汛期和非汛期的趋势变化情况,结果见表 2-2。由表 2-2 可知,山东省内主要河流中超过 2/3 的主要河流站点实测径流量呈现显著减小的趋势,河道径流情势变化较大。

表 2-1　山东省省级水功能区达标情况——全因子

水功能区	功能区个数			河流长度		
	评价数/个	达标数/个	达标率/%	评价河长/km	达标河长/km	达标率/%
保护区	27	20	74.1	977.8	616.2	63.0
保留区	16	10	62.5	612.1	353.2	57.7
缓冲区	16	5	31.3	448.7	204.0	45.5
其中省界缓冲区	15	4	26.7	434.7	190.0	43.7
一级区水功能区	59	35	59.3	2 038.6	1 173.4	57.6
饮用水源区	62	44	71.0	2 252.5	1 501.2	66.6
工业用水区	27	15	55.6	1 171.6	697.8	59.6
农业用水区	71	34	47.9	3 153.4	1 465.2	46.5
渔业用水区	7	3	42.9	71.5	12.5	17.5
景观娱乐用水区	11	5	45.5	63.1	30.6	48.5
过渡区	7	2	28.6	92.8	28.6	30.8
排污控制区	10	4	40.0	215.3	59.7	27.7
二级区水功能区	195	107	54.9	7 020.2	3 795.6	54.1
山东省	254	142	55.9	9 058.8	4 969.0	54.9

表 2-2　主要河流实测、天然径流量趋势分析结果

序号	河流	水系	站点名称	天然径流量			实测径流量		
				全年	汛期	非汛期	全年	汛期	非汛期
1	大汶河	花园口以下	戴村坝					↓	
			莱芜				↓	↓	
2	大沽河	山东半岛沿海诸河	南村				↓↓	↓↓	↓↓
3	潍河	山东半岛沿海诸河	峡山水库			↑			
4	小清河	山东半岛沿海诸河	岔河				↑↑↑	↑↑	↑↑↑
5	徒骇马颊河	徒骇马颊河	鲁北平原						
6	东鱼河	沂沭泗河	鱼台			↑↑	↓	↓	↓
7	付疃河	沂沭泗河	日照水库					↓↓	↑

续表 2-2

序号	河流	水系	站点名称	天然径流量			实测径流量		
				全年	汛期	非汛期	全年	汛期	非汛期
8	梁济运河	沂沭泗河	后营	↓	↓↓		↓↓↓	↓↓↓	↓↓↓
9	沭河	沂沭泗河	大官庄			↑			
			莒县				↓↓	↓↓	↓
10	泗河	沂沭泗河	书院				↓↓	↓	↓↓↓
11	西泇河	沂沭泗河	会宝岭水库				↓	↓	↓
12	沂河	沂沭泗河	临沂				↓	↓	
			东里店				↓	↓	
13	中运河	沂沭泗河	台儿庄闸	↓	↓↓				
14	洙赵新河	沂沭泗河	梁山闸		↓			↓	↑↑

注：↓表示显著减小，↓↓表示非常显著减小，↓↓↓表示极度显著减小；↑表示显著增加，↑↑表示非常显著增加，↑↑↑表示极度显著增加。

2.河流断流(干涸)情况

经对49条流域面积1 000 km² 以上并且天然情况下有水河流1980—2016年时段开展调查，结果表明，有41条河流出现断流或干涸现象，其中最大断流年数达37年，一年内最大断流天数达366天，见表2-3。其他无断流年的几条河流，在很大方面是受城市中水或引黄尾水的影响，且退水水质不稳定。

表 2-3　山东省流域面积 1 000 km² 以上河流断流(干涸)情况

序号	河流名称	水资源二级区	断流(干涸)年数/年	断流(干涸)次数/次	最长断流长度/km	最长断流范围	最大断流天数/d
1	柴汶河	花园口以下	9	13	47	谷里至入上级大汶河口	218
2	大汶河	花园口以下	20	34	162	莱芜至戴村坝	365
3	黄河	花园口以下	16	74	704	黄河山东段	226
4	汇河	花园口以下	16	20	11	白楼至大汶河入河口	219
5	瀛汶河	花园口以下	7	12	34	雪野水库至泰莱市界	65
6	白浪河	山东半岛沿海诸河	24	24	32	高速路北橡胶坝至大莱龙铁路	365
7	北胶莱河	山东半岛沿海诸河	10	11	24	流河站上游处到昌邑卜庄镇东	365
8	北胶新河	山东半岛沿海诸河	3	3	22	青银高速桥附近至库户庄闸	365
9	大沽河	山东半岛沿海诸河	37	99	116	南村站至入海口	366

续表 2-3

序号	河流名称	水资源二级区	断流（干涸）年数/年	断流（干涸）次数/次	最长断流长度/km	最长断流范围	最大断流天数/d
10	大沽夹河	山东半岛沿海诸河	35	88	72	源头至福山	366
11	付疃河	山东半岛沿海诸河	3		11	马家庙拦河闸以下至河套橡胶坝	212
12	黄水河	山东半岛沿海诸河	3	7	57	源头至河口	365
13	弥河	山东半岛沿海诸河	33	43	41	寒桥闸以下	365
14	母猪河	山东半岛沿海诸河	1	1	60	全河断流	365
15	南胶莱河	山东半岛沿海诸河	37	148	30	闸子站至入大沽河口	366
16	清洋河	山东半岛沿海诸河	11	18	75	源头至河口	218
17	渠河	山东半岛沿海诸河	16	27	23	西古河村南拦河闸至河崖村东	200
18	乳山河	山东半岛沿海诸河	1	1	10	乳山寨至育黎镇郭家	30
19	塌河	山东半岛沿海诸河	4	5	9	青州市高柳镇郭家庄南至东营广饶	365
20	潍河	山东半岛沿海诸河	29	30	28	金口橡胶坝至辛安庄闸	365
21	汶河	山东半岛沿海诸河	2	2	41	孟津河汇入汶河后的拦河坝至安丘	365
22	五龙河	山东半岛沿海诸河	8	13	97	源头至团旺	91
23	小清河	山东半岛沿海诸河	无				
24	孝妇河	山东半岛沿海诸河	2	2	40	马尚（淄川—袁家）	245
25	支脉河	山东半岛沿海诸河	无				
26	淄河	山东半岛沿海诸河	37	55	63	太河水库大坝以下至东营市界	366
27	德惠新河	徒骇马颊河	34	67	152	德惠新河德州段	366
28	马颊河	徒骇马颊河	35	127	195	马颊河德州段	365
29	南运河	徒骇马颊河	37	83	65	省界至临清站	366
30	四女寺减河	徒骇马颊河	37	87	27	袁桥闸至减河与漳卫新河交汇处	366
31	徒骇河	徒骇马颊河	23	46	61	滨州惠民古新沟—沾化坝上闸	365
32	漳卫新河	徒骇马颊河	37	76	143	四女寺至庆云闸	366
33	赵牛河	徒骇马颊河	10	18	63	赵牛河德州段	191
34	白马河	沂沭泗河	无				
35	大沙河	沂沭泗河	无				
36	东鱼河	沂沭泗河	25	63	123	菏泽境内东鱼河全线	179
37	东鱼河北支	沂沭泗河	21	60	96	东鱼河北支全线断流	223

续表 2-3

序号	河流名称	水资源二级区	断流(干涸)年数/年	断流(干涸)次数/次	最长断流长度/km	最长断流范围	最大断流天数/d
38	东鱼河南支	沂沭泗河	27	79	52	东鱼河南支全线断流	362
39	复新河	沂沭泗河	无				
40	洸府河	沂沭泗河	无				
41	梁济运河	沂沭泗河	无				
42	胜利河	沂沭泗河	12	30	66	菏泽境内胜利河全线	336
43	沭河	沂沭泗河	16	19	90	莒县至大官庄	295
44	泗河	沂沭泗河	6	9	无法确定	书院站上下	94
45	万福河	沂沭泗河	12	16	35	薛庄闸以下	181
46	沂河	沂沭泗河	5	7	60	田庄水库至韩旺	51
47	中运河	沂沭泗河	无				
48	洙水河	沂沭泗河	9	32	60	纸坊上下	354
49	洙赵新河	沂沭泗河	21	37	66	魏楼闸上下	143

注:断流年份(年数)为1980—2016年期间发生断流的年数,断流次数为断流总次数,最长断流长度为时段内发生断流的最大断流长度,最大断流天数为时段内发生断流的最大天数。

二、特点分析

受地形地貌、全球气候变化及人类活动影响,山东省河流呈现出几大特点:

(1)地形差异大,河流形态迥异,水生态保障需求复杂。

山东省地形地貌复杂,山区、丘陵区、平原区均有分布。河流形态受地貌影响,山溪性河流和平原坡水性河流类型呈现出多种变化类型。有的河流,上游呈山溪性特点,下游变为平原坡水性特点;有的河流,支流为山溪性河流,干流为平原坡水性河流;还有的河流,山溪性与平原坡水性多次转变。河流形态的繁复变化导致其水生态保障需求呈现出复杂化、多样化特点。

(2)河道径流季节变化明显,多出现断流现象,河湖生态用水多以维持基本功能为主。

山东省河流具有典型的季节性特点,丰水期(多集中在汛期一两次暴雨过程)一般能形成水流,枯水期则发生河水断流、河床裸露现象。从对省内49条流域面积1 000 km^2以上的河流1980—2016年实测径流调查结果来看,有41条出现过断流现象,其中年最大断流天数超过300 d的有23条,超过200 d的有31条。

据山东省人民政府于2007年批准的《山东省水资源综合规划》，“本省河道为北方季节性河道，河道内生态环境需水应主要为维持河道基本功能的生态环境需水，包括河道基流量、冲沙输沙水量和水生生物保护水量，三者之间存在水量重叠，可以重复利用，……”事实正是如此，受水资源短缺、供需矛盾突出等因素影响，河湖生态用水主要用于维持基本功能。

(3)区域水资源供需矛盾突出，河湖高标准生态用水保障难度大。

山东是我国北方水资源严重短缺的省份之一，人均水资源占有量不足全国的1/6，耕地亩(1亩=1/15 hm^2，全书同)均水资源占有量仅为全国的1/5，由此造成区域性水资源供需矛盾长期突出，抢水现象较为普遍。为满足工农业生产用水需求，局部地区甚至出现了过度开发利用的情况，在思想认识受限、管理措施不到位的情况下，河湖高标准生态用水保障难度较大。

(4)中水成为部分河流的重要水源，为河流生态补水提供了新的方向。

随着各地城镇污水收集处理率的提高，中水成为一种重要的可再生资源。部分中水进入河流，有效地补充了水源，在一定程度上改善了河流生态环境，也为河流生态补水提供了新的选择。与此同时，中水水质受多种因素影响而存在不确定性，很多地方政府持续提高污水处理厂的退水水质标准，或者结合人工湿地建设进一步改善退水水质，这有力地提高了生态补水的安全可靠程度。

第二节　断流萎缩情况调查

依据第三次水资源调查评价结果及典型河湖的实测数据开展调查。

一、河湖水文特征分析

(一)总体特征情况

根据第三次水资源调查评价成果，山东省河流天然径流量年际、年内变化剧烈，空间分布亦不均匀。

1. 天然径流量年内、年际变化剧烈

全省天然年径流量年内分配非常不均匀，汛期6—9月径流量约占全年径流量的79%，其中7月、8月径流量约占全年径流量的60%，其他季节水量缺乏甚至断流。全省平均天然年径流量变差系数 C_v 值为0.54，各地变差系数 C_v 一般在0.41~1.24。全省平均最大天然年径流量6 799 136万 m^3(1964年)，最小天然年径流量326 877万 m^3(2002年)，极值比达20.8。全省各地极值比和极差相差更大，极值比从几倍到数千倍。

2. 天然径流深空间分布不均

全省平均天然年径流深126.5 mm。年径流深总体分布趋势为从东南沿海向西北内陆递减，等值线走向多呈西南—东北走向。全省地区分布很不均匀，多年平均年径流深多在25~300 mm。五莲山、崂山及临沂西南部地区年径流深超过300 mm，鲁西北地区武城、夏津、临清、冠县一带多年平均年径流深尚不足25 mm。全省高值区与低值区的年径流深相差10倍以上。

3. 水资源开发利用活动对径流产生干扰

人类活动的影响以及城镇排入河道的中水和污水量持续增加，使部分河流的实测径流量大于天然径流量，也有部分河流因拦河闸坝工程建设及过渡取水等人类活动的影响，实测径流量序列呈显著下降趋势。

（二）代表性河流水文特征情况

本书选取小清河作为典型河流进行水文特征分析。

1. 实测径流趋势变化

根据小清河干流岔河水文站1983—2016年系列实测流量数据进行分析，该系列多年平均径流量为68 121万m^3，见表2-4。

表2-4 小清河干流岔河水文站实测年径流量 单位：万m^3

年份	径流量	年份	径流量	年份	径流量
1983	17 374	1995	70 581	2007	104 173
1984	30 671	1996	88 505	2008	99 737
1985	27 639	1997	49 039	2009	105 607
1986	8 448	1998	107 898	2010	117 908
1987	29 874	1999	64 397	2011	115 378
1988	28 024	2000	41 661	2012	112 982
1989	10 115	2001	39 959	2013	138 047
1990	47 216	2002	31 423	2014	70 991
1991	48 362	2003	61 862	2015	60 922
1992	20 988	2004	149 630	2016	90 602
1993	29 131	2005	141 020	平均	68 121
1994	61 639	2006	94 317		

采用线性倾向估计法与累积距平法分析岔河站实测径流量的变化趋势，并结合累积距平曲线划分径流量变化的阶段性，分析结果见图2-1、图2-2。

由图2-1可以看出，近34年来岔河水文站实测径流量年际变化呈明显上升趋势。由图2-2可知，1983—1994年、1999—2003年、2014—2015年为显著的枯水阶段，累积距平曲线呈下降状态，距平为负值；2004—2013年累积距平曲线呈上升状态，年径流量高于多年平均值，处于丰水阶段。

2. 天然径流量分析

据岔河水文站1980—2016年天然径流量成果（见表2-5），小清河流域天然径流系列

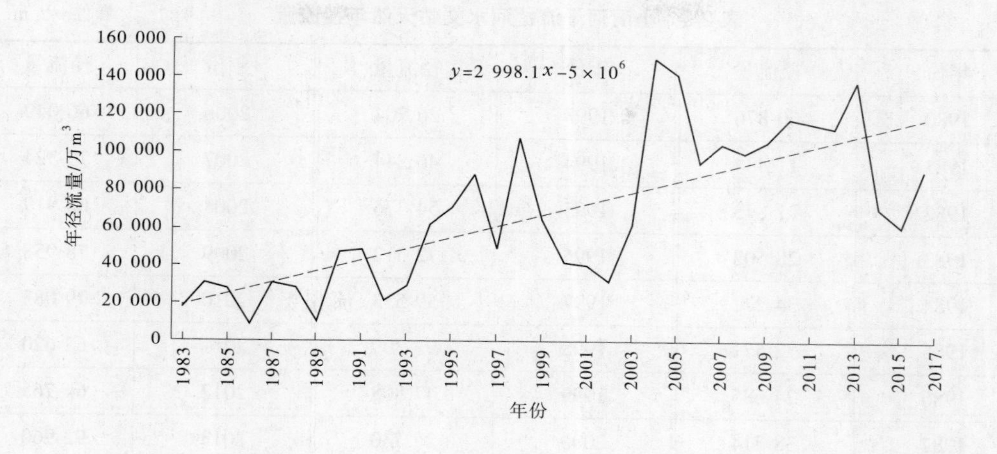

图 2-1　小清河干流岔河水文站实测年径流量变化过程

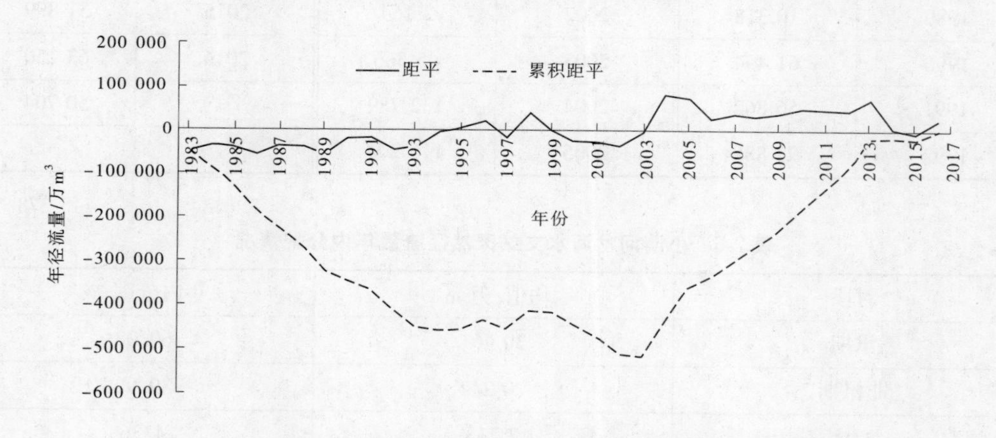

图 2-2　小清河干流岔河水文站实测年径流量累积距平变化过程

年际变化剧烈，丰枯悬殊。岔河水文站多年平均天然径流量为 50 704 万 m^3，其中最大值为 132 789 万 m^3(2004 年)，最小值为 2 164 万 m^3(2002 年)，最大值为最小值的 61 倍。

小清河流域天然径流量年内分配不均，具有明显的丰水期和枯水期。从多年平均天然径流量的年内分配情况来看，径流量主要集中于 7—9 月，岔河水文站 7—9 的径流量占全年总径流量的 54%，为丰水期；10 月至翌年 6 月，岔河水文站的径流量占全年总径流量的 46%，为枯水期。小清河岔河水文站天然径流量均值和年内分配情况见表 2-6、图 2-3。

1983—2016 年系列对比实测与天然径流量成果，如图 2-4 所示。

对比实测径流和天然径流系列可以看出，岔河水文站从 20 世纪 90 年代初，实测径流系列值开始大于天然径流量系列值，且实测径流量序列均有显著增大的趋势。

小清河水文特征是山东省季节性河湖水文特征的缩影，可以基本反映总体特征规律，即河湖径流“似有似无，可大亦可小”。

表 2-5 小清河干流岔河水文站天然年径流量 单位：万 m³

年份	径流量	年份	径流量	年份	径流量
1980	60 876	1993	26 704	2006	66 049
1981	11 434	1994	46 244	2007	79 324
1982	21 843	1995	54 376	2008	68 919
1983	28 502	1996	72 312	2009	78 953
1984	34 222	1997	39 533	2010	79 083
1985	32 571	1998	92 309	2011	62 620
1986	24 685	1999	47 808	2012	64 765
1987	38 314	2000	27 730	2013	92 960
1988	35 208	2001	12 828	2014	32 635
1989	10 318	2002	2 164	2015	31 899
1990	61 494	2003	45 366	2016	63 250
1991	56 862	2004	132 789	平均	50 704
1992	22 888	2005	116 204		

表 2-6 小清河岔河水文站天然径流量年内分配情况

时段	均值/万 m³	年内分配/%
汛期	30 461	60. 08
非汛期	20 242	39. 92
1 月	2 213	4. 36
2 月	1 771	3. 49
3 月	1 800	3. 55
4 月	1 477	2. 91
5 月	2 979	5. 88
6 月	3 298	6. 50
7 月	8 539	16. 84
8 月	11 936	23. 55
9 月	6 688	13. 19
10 月	4 157	8. 20
11 月	2 969	5. 86
12 月	2 876	5. 67

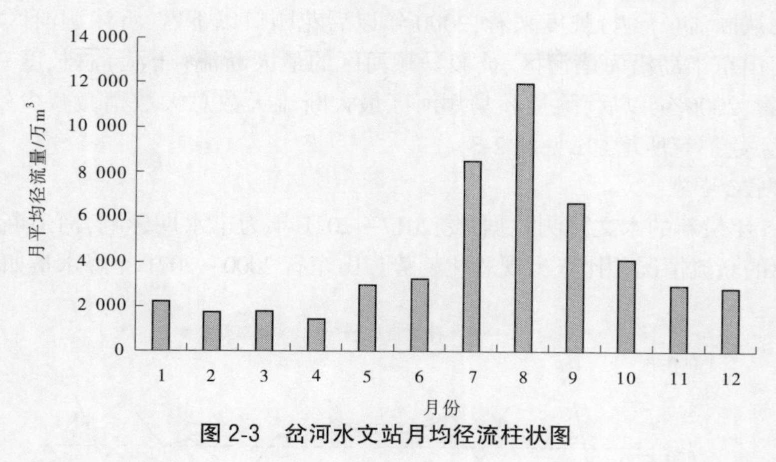

图 2-3　岔河水文站月均径流柱状图

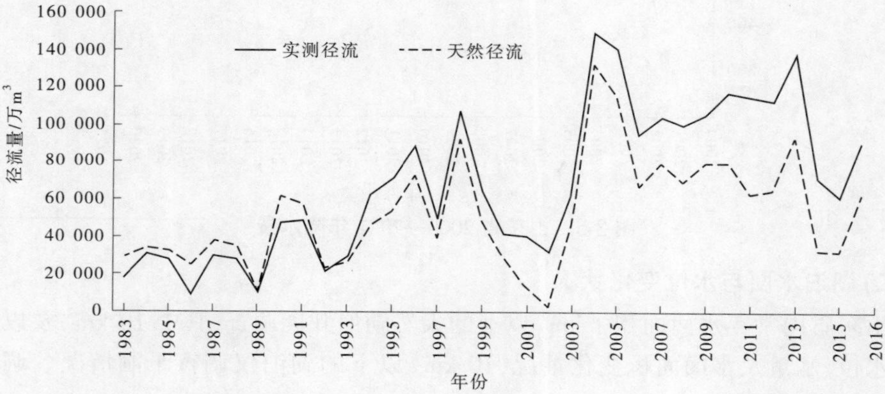

图 2-4　岔河水文站天然径流量与实测径流量对比

二、河湖断流萎缩状况调查分析

河湖断流萎缩状况主要依据第三次水资源调查评价结果进行分析，并利用近 5 年实测数据开展趋势分析。

（一）河流径流变化与断流状况

1. 实测径流量显著减小

根据第三次水资源调查评价成果，经对 14 条主要河流开展调查，对比水文站天然径流量（全年、汛期、非汛期）与实测径流量（全年、汛期与非汛期）系列成果，采用 Mann-Kendall 法分析代表站 1956—2016 年河道内天然和实测径流量在全年、汛期和非汛期的趋势变化情况，见表 2-2。结果表明，山东省内主要河流中超过 2/3 的主要河流站点实测径流量呈现显著减小的趋势，河道径流情势变化较大。

2. 河流断流（干涸）情况

根据第三次水资源调查评价成果，有 41 条河流出现断面或干涸现象，其中最大断流年数达 37 年，一年内最大断流天数达 366 d。总体上，全省河流断流情况较为严重。相比 1980—1999 年，2000—2016 年断流总长度略微减少，总天数增加较多。以水资源二级区为统计单元,从断流(干涸)长度来看,2000年以后花园口以下区、沂沭泗河区河流断流情况有所好转,山东半岛沿海诸河区、徒骇马颊河区的最大断流(干涸)总长度有所增加;从断流天数来看,2000年以后,除徒骇马颊河区最大断流天数总天数稍微减少外,其余3个区的断流总天数都有所增加(见表2-3)。

3. 河道断流趋势

根据近5年最新的水文监测数据,受2017—2021年为丰水期影响,河道断流趋势总体稳定,和以前的断流情况相比未出现恶化趋势。山东省2000—2021年降水量如图2-5所示。

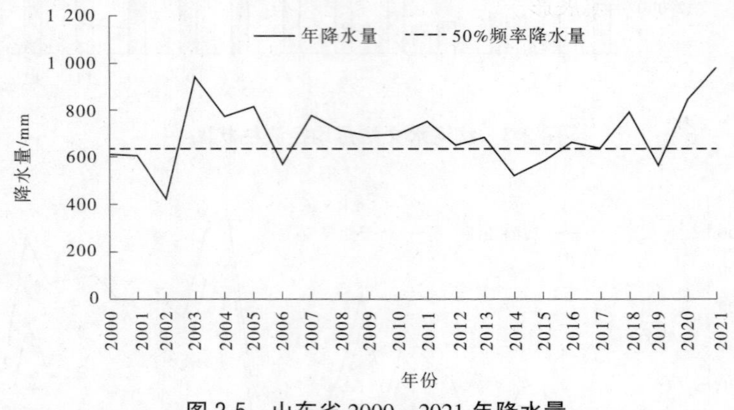

图2-5 山东省2000—2021年降水量

(二)湖泊水面与水位变化状况

对山东省内常年水面面积1 km^2以上的天然湖泊开展调查,其中10 km^2及以上的湖泊调查水位、水量及水面面积变化情况,10 km^2以下的湖泊仅调查干涸情况。调查结果见表2-7。

表2-7 山东省1 km^2以上湖泊水生态演变情况

序号	湖泊名称	水资源三级区	地级行政区	湖泊面积变化/km^2			变化原因	干涸情况
				1980—2000年	2001—2016年	变化值		
1	少海	胶莱大沽区	青岛市		5.45		主要受气候、降水等自然因素影响	未干涸
2	天鹅湖	胶东半岛区	威海市		4.04		仅随海水涨落变化	未干涸
3	白云湖	小清河区	济南市	17.33	16.5	−0.83	围垦	未干涸
4	芽庄湖	小清河区	济南市、滨州市	5.4	4.82	−0.58	围垦	未干涸
5	大明湖	小清河区	济南市	0.465	0.441	−0.024	城市建设	未干涸
6	麻大湖	小清河	滨州市		4		城市建设、围垦	未干涸
7	青沙湖	小清河	滨州市	0	0	0	改道、围垦	干涸
8	东昌湖	徒骇马颊河	聊城市		4.2		无	未干涸
9	马踏湖	小清河	淄博市	0.67	1.33	0.66	综合治理、生态补水	未干涸
10	巨淀湖	潍弥白浪区	潍坊市	8.67	9.41	0.74	生态补水、河湖改造	未干涸

从调查情况来看,白云湖、芽庄湖与大明湖等湖泊受城市建设、围垦等人类活动影响,2001—2016 年湖泊面积相比 1980—2000 年有所减少;个别湖泊因为围垦、改道等人类活动,出现湖泊干涸现象;还有部分湖泊,比如马踏湖、巨淀湖等因为河道改造、生态补水等综合治理措施,水面面积有所增加。总体上,大部分湖泊因受自然条件变化、人类活动等综合影响,湖泊水面面积呈现减少态势,只有少数湖泊的水面面积出现增加现象。

(三)河湖断流萎缩趋势分析

受地形地貌、全球气候变化及人类活动影响,山东省河湖水体呈现出如下两大特点:

(1)断流受社会经济发展影响较大,但趋势总体稳定。

自 20 世纪 80 年代以来,全省河流受社会经济快速发展及取水量增加等影响,出现断流程度加剧的现象,从 1980—2021 年断流趋势来看,断流已呈稳定态势,断流程度主要受降水影响。

据大沽河干流南村水文站长系列实测日流量资料,统计分析各年份大沽河断流天数。经统计,南村站 1956—2021 年间断流天数总计 14 357 d。其中,1956—1957 年、1960—1966 年、1971—1972 年、1974—1977 年未发生断流现象,自 1981 年起断流比较严重,多年发生全年断流。特别是 1981 年、1983 年、1984 年、1989 年、1992 年、2000 年、2006 年、2015 年、2016 年和 2019 年等 10 年甚至达到了全年断流。大沽河南村水文站年断流走势如图 2-6 所示。

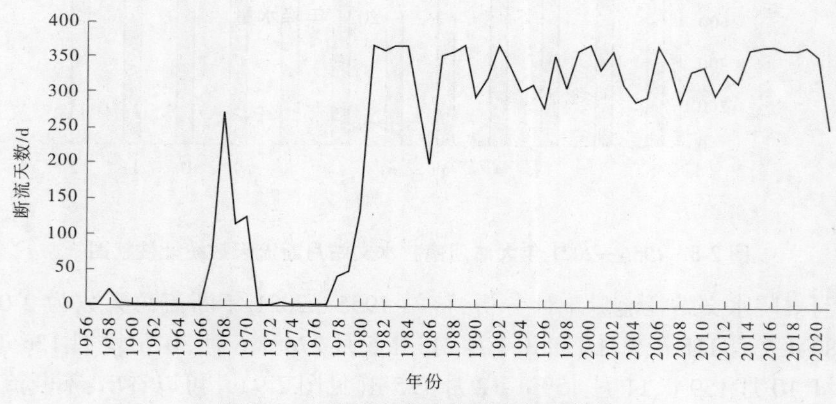

图 2-6　大沽河南村水文站年断流走势

据大汶河干流戴村坝水文站实测日流量序列统计,1956—2021 年 66 年间断流总天数为 4 638 d。其中,1982 年、1988—1990 年、1992—1993 年、2000 年、2002—2003 年、2012 年、2014—2019 年断流比较严重,年内断流天数均大于 100 d。大汶河年断流天数情况如图 2-7 所示。

(2)断流具有明显的季节性,且主要集中在枯水期。

全省河流断流呈现出明显的季节性特征,且主要集中在当年 10 月至翌年 6 月,即所谓的枯水期。

据大沽河干流南村水文站长系列实测日流量资料,统计分析各年份大沽河断流天数。经统计,南村水文站 1956—2021 年间断流天数总计 14 114 d。其中,1 月 1 338 d、2 月 1 231 d、3 月 1 306 d、4 月 1 261 d、5 月 1 278 d、6 月 1 154 d、7 月 930 d、8 月 784 d、9 月

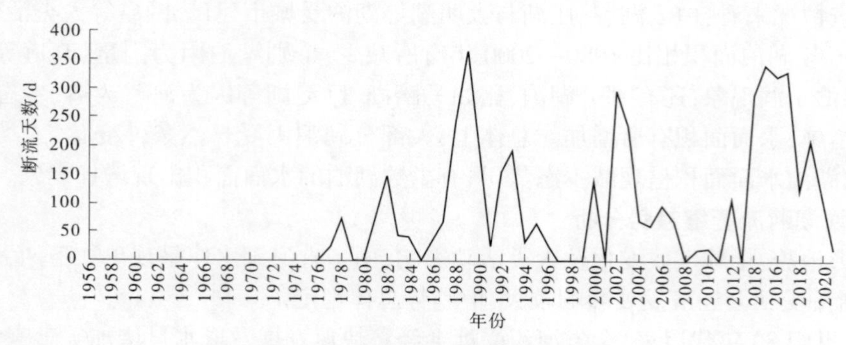

图 2-7　大汶河戴村坝年断流走势

936 d、10 月 1 229 d、11 月 1 286 d、12 月 1 381 d(见图 2-8)。可以看出,不断流的月份主要为 7—9 月等丰水期,枯水期几乎都断流。

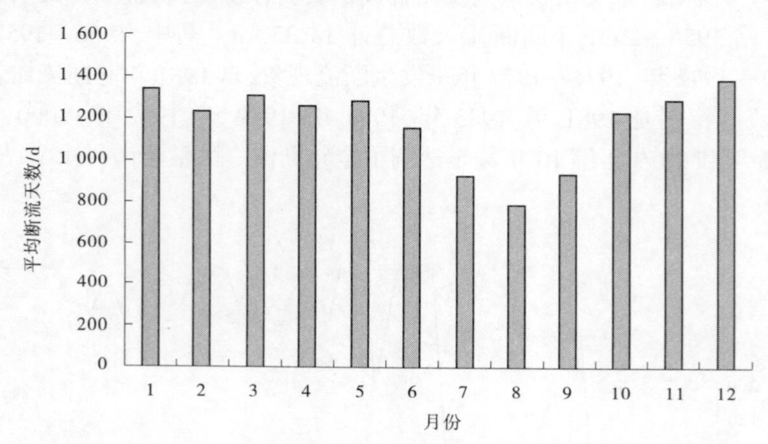

图 2-8　1956—2021 年大沽河南村水文站月断流天数统计柱状图

据泗河书院水文站径流量统计分析,该站 1955—2021 年断流总天数为 2 055 d。其中,1 月 180 d、2 月 158 d、3 月 178 d、4 月 215 d、5 月 276 d、6 月 301 d、7 月 136 d、8 月 121 d、9 月 47 d、10 月 159 d、11 月 159 d、12 月 125 d(见图 2-9)。可以看出,不断流的月份主要集中在 7—9 月等丰水期。

(四)断流萎缩成因分析

综合分析来看,山东省河湖断流萎缩的主要原因有以下几个方面。

1. 资源禀赋较差

水资源禀赋差表现为总量不足和分布不均两方面。据第三次水资源调查评价成果,山东省内 1956—2000 年平均降水量为 673.0 mm(1980—2016 年平均降水量为 643.2 mm,呈减少趋势),全省人均水资源占有量不到 300 m^3,不足全国的 1/6,属于人均占有量小于 500 m^3 的严重缺水地区;当地水资源总量仅占全国的 1%左右,但人口、耕地和经济总量却分别占全国的 7%、6%、9%左右,生活、生产与生态争水的现象不可避免。年际年内分布极度不均,全省各地年降水量极差 525~1 491 mm,极值比 2.3~6.6;年内径流量主要集中在丰水期,其他季节水量缺乏。因此,河流断流程度剧烈的年份均在枯水年,断流

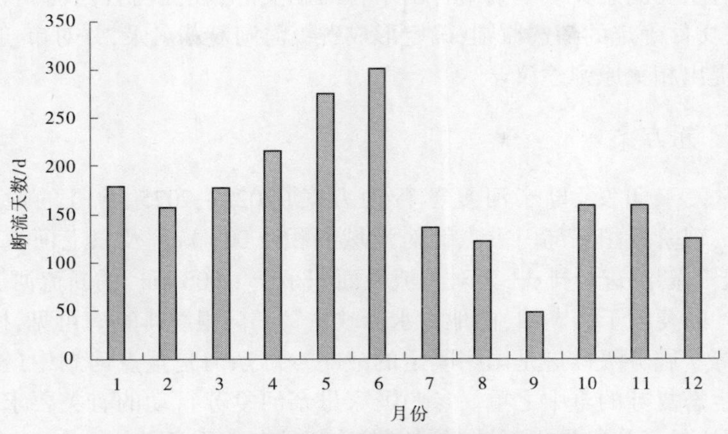

图 2-9　泗河书院水文站月断流天数统计柱状图

月份也大部分集中在枯水期。

2. 工程基础薄弱

部分河流缺乏调蓄工程，无法在丰水年份或丰水期有效地拦蓄雨洪资源，河流丰枯调剂能力较差。随着经济社会的发展，生活、生产用水需求量持续增长，有限的调蓄能力主要用于满足城镇生活和工业生产用水，而大部分拦蓄水工程设施未预留生态用水调蓄空间。

3. 调度能力有限

山东省的水利工程大部分建于 20 世纪 50—90 年代，功能主要用于供水、防洪、灌溉等，大部分在建设或设计时未预留生态用水指标。从 20 世纪 80 年代开始，生产、生活等高保证率取水及河道外景观生态用水持续增加，由于水资源调度能力有限，叠加枯水年份河道来水量减少，河道内径流量减少甚至断流。

4. 管控机制不全

河湖水资源的合理利用、水生态的有效保护、水环境的治理，不可避免地涉及多个部门、诸多环节，其中不乏事关区域和部门的利益，事关单位和个人的责任。但受管控机制不健全等因素制约，相关指令不统一、难执行等现象仍时有发生，部门、单位甚至个人间存在推诿扯皮的风险。

5. 生态保障滞后

过去的 40 多年，正是我国各地经济社会快速发展的时期，水资源供需矛盾持续加大，以保障生活、生产用水为主体的水安全观得到持续强化。相对来说，对河湖生态用水的关注和具体工作显得有所滞后。自水利部 2020 年开始重点推进河湖生态流量（水量）保障工作之后，水生态保障才真正纳入水安全观范畴。

第三节　区域河湖生态复苏名录

科学制订河湖复苏名录，有序引导省、市、县各级协同推进河湖复苏工作，对于促进生态文明建设具有重要的意义。本书结合山东省河湖实际，在提出省内河湖分级复苏的基础上，基于有关文件确定的筛选原则，确定形成省级河湖复苏名录，并对市、县两级河湖复苏名录的制定提出相关原则建议。

一、分级复苏方案

据《水利部关于印发〈母亲河复苏行动方案（2022—2025 年）〉的通知》（水资管〔2022〕285 号），现阶段国家部门重点针对流域面积 1 000 km^2 及以上河流、常年水面面积 1 km^2 及以上的湖泊进行排查，而对于流域面积小于 1 000 km^2 的断流河流和常年水面面积小于 1 km^2 的萎缩干涸湖泊，由地方水行政主管部门组织排查。可见，按照河湖规模以及管理权限等实施分级推进是国家既定的战略。母亲河是重点河湖中最重要的部分，也是开展河湖生态复苏的重中之重。参照国家母亲河复苏行动的有关要求，制订区域河湖生态复苏名录，对于分级推进区域河湖生态治理具有重要意义。

山东省河湖生态复苏名录，主要基于各级水行政主管部门的河湖管理权限，兼顾生态功能的重要性，分为省、市、县 3 级。其中，省级名录主要纳入省域内跨市且生态地位突出的河、湖，对于虽不跨市但生态地位特别突出的河、湖也可一并纳入；市级名录主要纳入市域内跨县（区）且生态地位特别突出的河、湖，对于虽不跨县（区）但生态地位特别突出的河、湖也可一并纳入；县级名录主要纳入县域内生态地位突出的河、湖。

需要明确的是，为便于统一管理，列入上级河湖生态复苏名录又隶属本级管辖范围的河、湖，自然纳入本级复苏名录。例如，已列入省级河湖生态复苏名录，又隶属市级管辖的河、湖，自然纳入市级名录。县级名录由此类推。

本书重点聚焦省级河湖生态复苏名录筛选原则和方法，市、县两级可参照拟定本级河湖复苏名录筛选方案。

（一）省级河湖复苏名录方案

河湖生态复苏工作是一项复杂的系统工程，需要各级各部门协同推进。建议省级水行政主管部门会同有关行政主管部门提出省级河湖生态复苏名录及其行动方案。省级重点河流，包括跨省界并纳入海委、黄委、淮委管理名录的河湖，省内跨设区市行政区的河湖，以及具有重要生态功能确有必要纳入省级管理的河湖。

（二）市、县河湖复苏名录方案

建议由市、县两级水行政主管部门会同同级有关主管部门，参照省级河湖生态复苏名录筛选方案，分别确定市、县级复苏名录，并提出相应的行动方案。

市级名录，包括市域内已纳入省级河湖生态复苏名录的河湖，跨县级行政区且生态地位突出的河湖，以及生态功能特别突出的河湖；县级名录，包括纳入市级以上名录的河湖，县域内具有重要生态功能的河湖。

二、省级重点河湖筛选原则

参照《水利部关于印发〈母亲河复苏行动方案（2022—2025 年）〉的通知》（水资管〔2022〕285 号）的要求，选取确有修复必要且具备修复可行性的断流河流和萎缩干涸湖泊，纳入复苏名录。

因此,流域面积 1 000 km^2 及以上河流、常年水面面积 1 km^2 及以上的湖泊,符合下列条件之一的,应列入重点河湖生态复苏名录:

(1)在京津冀协同发展、长江经济带发展、长三角一体化发展、粤港澳大湾区建设、黄河流域生态保护和高质量发展等重大国家战略中具有重要地位和作用的河湖。

(2)在本区域经济、社会、文化建设中地位突出,对防洪安全、供水安全、粮食安全、生态安全具有重要保障作用或发挥重要影响的河湖。

(3)水生态环境问题突出,人民群众反映强烈,修复措施合理、可操作性强、修复效果显著的河湖。

以上工作范围确定的原则主要服务于全国母亲河复苏名录制定,但也是山东省省级河湖生态复苏名录制定的主要依据。在此基础上,考虑山东省河湖管理实际,提出省级河湖生态复苏名录筛选的基本工作范围,即流域面积达 1 000 km^2、常年水面面积 1 km^2 及以上的湖泊,且至少符合下列条件之一:

(1)跨省及省内跨地市级行政区的江河干流及其主要支流、湖泊;

(2)纳入山东省生态流量保障重点河湖名录且具有较好生态流量保障前期工作基础的河湖;

(3)有省级以上自然保护区、湿地公园等具有重要生态功能区的河湖;

(4)在黄河流域生态保护和高质量发展国家重大战略中具有重要生态保护地位的河湖;

(5)在本区域经济、社会、文化建设中地位突出,对区域防洪安全、供水安全、粮食安全、生态安全具有重要保障作用或发挥重要影响的河湖;

(6)确有修复必要且具备修复可行性的河湖;

(7)其他应纳入省级名录的河湖。

三、省级重点复苏河湖筛选

根据省级重点河湖筛选的原则,对全省干流长度大于 10 km 的 1 552 条河流进行逐项筛选。

(一)符合跨省及省内跨地市级行政区的河湖

经统计,全省流域面积大于 1 000 km^2 的跨地级以上行政区的河流有 38 条,分别为卫河、徒骇河、马颊河、漳卫河、东鱼河、金堤河、洙赵新河、支脉河、德惠新河、废黄河、潮河、万福河、洙水河、赵牛新河、塌河、预备河、东汶河、柴汶河、南胶莱河、淄河、瀛汶河、汇河、渠河、小沽河、中运河、邳苍分洪道、复新河、大沙河、小清河、沂河、沭河、大汶河、大沽河、泗河、潍河、孝妇河、北胶莱河、洸府河。

山东省内有 9 个主要湖泊,分别为东昌湖、南四湖、白云湖、巨淀湖、马踏湖、少海、天鹅湖、芽庄湖、大明湖。其中,常年水面面积达到 1 km^2 以上且跨市的湖泊主要有南四湖、马踏湖、芽庄湖。

因此,符合流域面积大于 1 000 km^2 且跨地市级以上行政区的河流有 38 条,常年水面面积 1 km^2 及以上且跨市的湖泊 3 个,见表 2-8。

表 2-8 符合跨省及省内跨地市级行政区基本要求的河流湖泊统计

序号	河湖名称	河流长度/km	流域面积/km²	流经行政区
1	卫河	411	14 834	山西省陵川县、泽州县,河南省博爱县、焦作中站区、武陟县、焦作山阳区、修武县、辉县市、获嘉县、新乡县、新乡卫滨区、新乡市红旗区、新乡市牧野区、新乡市凤泉区、卫辉市、滑县、浚县、汤阴县、内黄县、清丰县、南乐县、河北省魏县、山东省冠县
2	徒骇河	439	13 902	山东省聊城市莘县;河南省南乐县;山东省聊城市阳谷县、东昌府区、茌平区、高唐县,德州市禹城市、临邑县、齐河县,济南市济阳区、商河县,滨州市惠民县、滨城区、沾化区、无棣县
3	马颊河	438	11 579	河南省濮阳市濮阳县、华龙区、清丰县、南乐县;河北省大名县;山东省聊城市莘县、冠县、东昌府区、临清市、茌平区、高唐县,德州市夏津县、平原县、德城区、陵城区、临邑县、乐陵市、庆云县,滨州市无棣县
4	漳卫河	366	6 939	河北省馆陶县,山东省冠县、临清市,河北省临西县、清河县,山东省夏津县、武城县,河北省故城县,山东省德州德城区,河北省吴桥县,山东省宁津县,河北省东光县、南皮县,山东省乐陵市,河北省盐山县,山东省庆云县,河北省海兴县,山东省无棣县
5	东鱼河	172	5 923	山东省东明县、菏泽牡丹区、曹县、定陶区、成武县、单县、金乡县、鱼台县
6	金堤河	211	5 171	河南省滑县、浚县、濮阳县、范县、台前县,山东省莘县、阳谷县
7	洙赵新河	143	4 200	山东省东明县、菏泽牡丹区、郓城县、巨野县、嘉祥县、济宁市任城区
8	支脉河	116	3 356	山东省高青县、博兴县、东营市东营区、饶县
9	德惠新河	222	3 248.9	山东省高唐县、平原县、陵城区、临邑县、乐陵市、商河县、阳信县、庆云县、无棣县
10	废黄河	731	2 777	河南省兰考县、民权县,山东省曹县,河南省商丘梁园区,山东省单县,河南省虞城县,安徽省砀山县,江苏省丰县,安徽省萧县,江苏省徐州市泉山区、徐州市鼓楼区、徐州市云龙区、徐州市铜山区、睢宁县、宿迁市宿豫区、宿迁市宿城区、泗阳县、淮安市淮阴区、淮安市清浦区、淮安市清河区、淮安市楚州区、涟水县、阜宁县

续表 2-8

序号	河湖名称	河流长度/km	流域面积/km^2	流经行政区
11	潮河	65	1 408	山东省滨州市滨城区、沾化区、东营市河口区
12	万福河	76	1 283	山东省菏泽市定陶区、成武县、巨野县，济宁市金乡县、鱼台县、任城区
13	洙水河	114	1 205	山东省菏泽市牡丹区、定陶区、巨野县、嘉祥县、济宁市任城区
14	赵牛新河	96	1 203	山东省东阿县、茌平区、齐河县、禹城市
15	塌河	102	3 737	山东省潍坊市青州市、寿光市，东营市广饶县
16	预备河	54	2 567	山东省桓台县、博兴县、广饶县、寿光市
17	东汶河	123	2 427	山东省蒙阴县、新泰市、沂南县
18	柴汶河	117	1 948	山东省淄博市沂源县，泰安市新泰市、岱岳区、宁阳县
19	南胶莱河	30	1 562	山东省青岛市平度市、胶州市，潍坊市高密市
20	淄河	152	1 411	山东省莱芜市莱城区、淄博市博山区、淄博市淄川区、青州市、淄博市临淄区、广饶县
21	瀛汶河	87	1 331	山东省济南市章丘区、莱芜区，泰安市岱岳区、泰山区
22	汇河	95	1 248	山东省泰安市岱岳区、肥城市、东平县，济南市平阴县
23	渠河	103	1 061	山东省潍坊市临朐县、安丘市、诸城市、坊子区，临沂市沂水县
24	小沽河	86	1 015	山东省莱州市、莱西市、平度市
25	中运河	116	6 524	山东省微山县、枣庄市峄城区、枣庄市台儿庄区，江苏省邳州市、宿迁市宿豫区、宿迁市宿城区
26	邳苍分洪道	78	2 480	山东省郯城县、临沂市罗庄区、兰陵县，江苏省邳州市
27	复新河	76	1 812	安徽省砀山县，江苏省丰县，山东省鱼台县
28	大沙河	59	1 700	江苏省丰县、沛县，山东省微山县
29	小清河	229	10 433	山东省济南市槐荫区、天桥区、历城区、章丘区，滨州市邹平市、博兴县，淄博市高青县、桓台县，东营市广饶县，潍坊市寿光市
30	沂河	357	11 470	山东省淄博市沂源县，临沂市沂水县、沂南县、兰山区、河东区、罗庄区、兰陵县、郯城县，江苏省邳州市、新沂市、宿迁市宿豫区
31	沭河	310	5 175	山东省日照市莒县，临沂市沂水县、莒南县、河东区、临沭县、郯城，江苏省东海县、新沂市、沭阳县

续表 2-8

序号	河湖名称	河流长度/km	流域面积/km^2	流经行政区
32	大汶河	231	8 944	山东省济南市钢城区、莱芜区,泰安市泰山区、岱岳区、肥城市、宁阳县、东平县,济宁市汶上县
33	大沽河	199	6 205	山东省烟台市招远市,青岛市莱西市、平度市、即墨区、胶州市、城阳区
34	泗河	163	2 403	山东省临沂市平邑县,泰安市新泰市,济宁市泗水县、曲阜市、兖州区、邹城市、任城区、微山县
35	潍河	222	6 502	山东省临沂市沂水县,日照市莒县、五莲县,潍坊市诸城市、高密市、坊子区、寒亭区、昌邑市
36	孝妇河	133	1 930	山东省淄博市博山区、淄川区、张店区、周村区、桓台县,滨州市邹平市
37	北胶莱河	94	3 750	山东省青岛市平度市,潍坊市高密市、昌邑市,烟台市莱州市
38	洸府河	82	1 358	山东省泰安市宁阳县,济宁市兖州区、任城区、微山县
39	南四湖		1 266(湖面面积km^2)	山东省济宁市微山县、济宁市任城区、滕州市,江苏省铜山区
40	马踏湖		5. 33(湖面面积km^2)	山东省淄博市桓台县、滨州市博兴县
41	芽庄湖		4. 82(湖面面积km^2)	山东省济南市章丘区、滨州市邹平市

(二)纳入山东省生态流量保障重点河湖名录且具有较好生态流量保障前期工作基础的河流

目前,纳入山东省生态流域保障重点河湖名录的有沂河、沭河、小清河、大汶河、大沽河、泗河、潍河、孝妇河、大沽夹河、城漷河、母猪河、付疃河、洸府河、徒骇马颊河、北胶莱河、万福河及南四湖,共 16 条河流、1 个湖泊。

自 2020 年以来,先后开展了沂河、沭河、小清河、大汶河、大沽河、潍河、泗河、孝妇河、南四湖等的生态流量保障工作。因此,沂河、沭河、小清河、大汶河、大沽河、潍河、泗河、孝妇河、南四湖等 8 河 1 湖具有较好的生态流量保障前期工作基础。

(三)有重要生态功能区的河湖

截至 2018 年底,全省设有省级以上自然保护区 45 个、湿地公园 200 个。其中,符合基本要求的河湖中,位于省级以上自然保护区的河湖为南四湖,主要保护对象为雁、鸭等珍稀鸟类及其越冬地;流域内有重要湿地的为南四湖、小清河、徒骇河、马颊河、大汶河、潍河、中运河等1湖6河。

综上所述,符合基本要求的河湖中,具有重要生态功能、生态地位较突出的有南四湖、小清河、徒骇河、马颊河、大汶河、潍河、中运河等河湖,见表2-9。

表2-9　山东省有重要生态功能区的河湖

序号	河湖名称	涉及自然保护区、湿地	所属地级行政区
1	南四湖	南四湖自然保护区、曲阜孔子湖国家湿地公园、梁山水泊省级湿地公园、汶上大汶河省级湿地公园	济宁市
2	小清河	博兴麻大湖湿地公园、寿光滨海公园湿地、马踏湖湿地	滨州市、潍坊市、淄博市
3	徒骇河	沾化海岸带自然保护区	滨州市
4	马颊河	沾化海岸带自然保护区	滨州市
5	大汶河	东平湖自然保护区	泰安市
6	潍河	昌邑柽柳林省级湿地公园、潍坊峡山湖国家湿地公园	潍坊市
7	中运河	蟠龙河国家湿地公园、台儿庄运河国家湿地公园	枣庄市

(四)国家战略中有突出生态地位的河湖

山东省在黄河流域生态保护和高质量发展重大国家战略中具有重要生态保护地位的河流是大汶河。

(五)区域地位突出、作用重要的河湖

随着城镇化进程的持续推进,一些流域面积较大(达到或接近1 000 km^2)的河流与城区融入一体或位于城市周边,生态地位日显突出。较为典型的有潍坊市的白浪河、东营市的淄河、烟台市的大沽夹河、枣庄市的城漷河、威海市的母猪河、日照市的付疃河。

(六)确有修复必要且具备修复可行性的河湖

根据河湖管理的重要性及考虑断流和萎缩会对高质量发展造成严重影响,确有修复必要且具备修复可行性的河流主要有沂河、大汶河、大沽河、泗河、潍河、小清河、徒骇河、洙赵新河、大沽夹河、母猪河、付疃河、马踏湖、南四湖。

四、省级复苏河湖建议名录

遵循国家有关文件要求,综合上述筛选结果,建议山东省省级河湖生态复苏名录为泗河、大汶河、大沽河、小清河、潍河、沂河、徒骇河、大沽夹河、母猪河、付疃河、洙赵新河、马踏湖、南四湖,共11河2湖。

第三章　季节性河湖水文分析技术

水文特征是季节性河湖确定生态复苏目标的基础。综合考虑河湖典型代表性、水文资料的可得性等多方面因素，结合山东省河湖实际，本书分别选取泗河和峡山湖为河、湖代表，探索季节性河湖水文分析方法。

第一节　泗河流域概况及水文分析

一、自然与社会经济状况

（一）自然地理

1. 地理位置

泗河发源于泰安市新泰市太平顶，流经济宁市的泗水县、曲阜市、兖州区、邹城市、微山县，于任城区辛闸村入南阳湖，是南四湖湖东最大的入湖河流，属于淮河流域。泗河干流全长 159 km，流域面积 2 357.0 km^2，其中济宁市境内 2 072.4 km^2，包括泗水县 1 070 km^2、曲阜市 731.2 km^2、邹城市 249.4 km^2、兖州区 11.2 km^2、任城区 5.9 km^2、微山县 4.7 km^2；泰安市境内流域面积 284.6 km^2，包括新泰市 242.3 km^2、宁阳县 42.3 km^2。

2. 地形地貌

泗河流域地处鲁南泰沂低山丘陵与山前冲洪积平原交接地带，地形复杂，东部山峦绵亘，丘陵起伏，各山之间有许多小型盆地和谷地，海拔在 50~100 m 以上；西部为泰沂山前冲洪积平原，地形平坦开阔，地势东北高、西南低，由东北向西南方向倾斜，地面高程 35~60 m，地面坡度 1/3 000~1/1 000。

受大地构造控制，鲁中南地区处于相对上升过程，形成了目前的山地丘陵，而鲁西地区长期处于下降过程，形成山前冲洪积平原与黄河冲洪积平原区。泗河红旗闸断面控制以上流域为低山丘陵区，栗河崖断面控制以下流域为湖西平原与山前冲洪积平原交接地带。泗河流域内山区面积 921 km^2，丘陵区面积 566 km^2，平原区面积 870 km^2。

3. 河流水系

泗河共有大小支流 30 条，其中流域面积大于 100 km^2 的共 5 条，分别为小沂河（流域面积 649.9 km^2）、济河（流域面积 182.2 km^2）、险河（流域面积 172.3 km^2）、黄沟河（流域面积 166.1 km^2）、石漏河（流域面积 102 km^2）。泗河最大支流小沂河为泗河左岸支流，发源于邹城市东部城前镇凤凰山北，西北流经田黄镇后入曲阜市的尼山水库，出库后继续向西北流经息陬镇、曲阜市南郊，最后于兖州区酒仙桥街道粉店村和焦家村之间汇入泗河，全长 58 km。

4. 气象水文

泗河流域属于暖温带半湿润气候区，四季分明，气候变化显著，夏季炎热，冬季寒冷。流域内年平均气温为 13.7 ℃，6—8 月气温较高，12 月至翌年 2 月气温较低，极端最高气温 40.5 ℃，极端最低气温-22.3 ℃。年平均日照时数 2 180 h，最大月平均日照时数为 5 月的 226 h，最小月平均日照时数为 1 月的 134 h。初霜期为 10 月中旬，终霜期为 4 月上旬；多年平均无霜期 200 d 以上，土壤多年冻结深度为 0.3~0.4 m，最大冻土深度 0.5 m。

流域内多年平均降水量为 716 mm，降水分布的年际变化和季节变化都很大。各季降水丰枯悬殊，分布很不均匀，形成“春旱、夏涝、晚秋又旱”的气候特点，但个别年份也曾出现春涝、夏旱或秋涝的现象。据统计资料，年最大降水量为 1 192 mm（1964 年），年最小降水量为 375 mm（2002 年）；年内雨季多集中在 7 月、8 月，两月内降水量平均达 370 mm，占年均降水量的 51.7%；月最大降水量为 703 mm（1957 年 7 月）。多年平均水面蒸发量为 926.7 mm，最大年蒸发量为 1 193.7 mm，最小年蒸发量为 794.9 mm；一年之内各月蒸发量变化较大，6—9 月蒸发量占全年蒸发量的 49%。春、夏两季多为东风及东南风，冬季多为西北风，平均风速 2.9 m/s。

由于该区洪水皆由暴雨引起，属于明显的雨源型河道，所以具有汛期洪水集中、峰高量大、起涨快速、退水迅速的特点。洪水过程起涨较快，退水也非常迅速。

（二）社会经济

泗河流域主体处于济宁市境内，范围包括泗水县、曲阜市的大部分，兖州区、邹城市、微山县、任城区的一小部分。济宁市素以“孔孟之乡，礼仪之邦”而著称，是东方儒家文化和华夏文化的发祥地，是山东省重要的对外开放城市、工业中心城市和四大区域中心城市之一。该市交通十分便利，京杭大运河和京沪铁路、京九铁路纵贯南北，兖石铁路和新兖铁路横穿东西，日东高速与京福高速贯穿全境，又是 105 国道和 327 国道的交汇处。济宁曲阜机场已于 2008 年 12 月开航，京沪高速铁路在曲阜市设有站点。

二、水利工程状况

泗河流域现共建有大型水库 1 座（尼山水库）、中型水库 4 座（贺庄水库、华村水库、龙湾套水库、尹城水库）、小型水库 242 座、塘坝 758 座、引水工程 7 处、地下水水井 2 万余眼。截至 2022 年底，干流上建成拦河闸坝 11 座，另规划新建橡胶坝 14 座。

尼山水库位于曲阜市尼山黄土村南，泗河支流小沂河上游，是一座以防洪为主，兼顾灌溉、养殖、旅游、补充地下水等综合利用的大（2）型水库。控制流域面积 264.1 km^2，死水位 116.19 m，死库容 747 万 m^3，兴利水位 123.59 m，兴利库容 6 102 万 m^3，总库容 11 280 万 m^3。水库按 100 年一遇洪水标准设计，10 000 年一遇洪水标准校核。

贺庄水库位于泗水县泉林镇泗河干流上游，是一座以防洪、灌溉为主，兼顾水产养殖等综合利用的中型水库。控制流域面积 174 km^2,死水位 139.96 m,死库容 550 万 m^3,兴利水位 151.96 m,兴利库容 7 190 万 m^3,总库容 9 973 万 m^3。水库按 100 年一遇洪水标准设计,2 000 年一遇洪水标准校核。

华村水库位于泗水县大黄沟乡泗河支流黄沟河中游,是一座集防洪、灌溉、水产养殖等综合利用为一体的中型水库。控制流域面积 129 km^2,死水位 139.99 m,死库容 190 万 m^3,兴利水位 150.99 m,兴利库容 3 260 万 m^3,总库容 5 786 万 m^3。水库按 100 年一遇洪水标准设计,2 000 年一遇洪水标准校核。

龙湾套水库位于泗水县济河街道办事处泗河支流济河上游,是一座以防洪、灌溉为主,兼顾供水和水产养殖等综合利用的中型水库。控制流域面积 143 km^2,死水位 137.36 m,死库容 190 万 m^3,兴利水位 149.86 m,兴利库容 3 530 万 m^3,总库容 5 214 万 m^3。水库按 100 年一遇洪水标准设计,2 000 年一遇洪水标准校核。

尹城水库位于泗水县金庄镇黑砚滩村南泗河支流芦城河上,是一座集防洪、灌溉、供水和水产养殖等综合利用于一体的中型水库。控制流域面积 34.6 km^2,死水位 109.86 m,死库容 45.2 万 m^3,兴利水位 120.42 m,兴利库容 675.8 万 m^3,总库容 1 158 万 m^3。水库按 100 年一遇洪水标准设计,1 000 年一遇洪水标准校核。

济宁市泗河流域共建有小型水库 242 座,各水库兴利库容共计 4 406 万 m^3,总库容 8 314 万 m^3;塘坝 758 座,各塘坝总库容共计 762 万 m^3。

济宁市泗河流域干流上建成的 11 座拦河闸坝,共计坝长 2 389 m,死库容 241.1 万 m^3,正常蓄水位相应库容 2 814.4 万 m^3。规划新建橡胶坝 14 座,总长 3 463.8 m,死库容 427.6 万 m^3,正常蓄水位相应库容 4 145.4 万 m^3。建成与规划闸坝 25 座,总长 5 852.8 m,死库容 668.7 万 m^3,正常蓄水位相互库容 6 959.8 万 m^3。各大中小型水库、塘坝、拦河闸坝情况见表 3-1、表 3-2。

泗河流域河流水系与水利工程位置见图 3-1。

表 3-1 济宁市泗河流域现状大中型水库情况统计

序号	名称	规模	流域面积/ km^2	总库容/ 万 m^3	兴利库容/ 万 m^3	死库容/ 万 m^3
1	尼山水库	大型	264.1	11 280	6 102	747
2	贺庄水库	中型	174	9 973	7 190	550
3	华村水库	中型	129	5 786	3 260	190
4	龙湾套水库	中型	143	5 214	3 530	190
5	尹城水库	中型	34.6	1 158	675.8	45.2
合计			744.7	33 411	20 757.8	1 722.2

表 3-2 济宁市泗河流域干流现状、规划拦河闸坝情况统计

序号	名称	桩号	所在县（市、区）	建成时间	流域面积/km^2	坝长/m	坝高/m	死水位/m	死库容/万 m^3	正常蓄水位/m	正常蓄水位相应库容/万 m^3
1	黄阴集闸	119+000	泗水县	1995 年	484.5	120.0	3.0	115.5	9.1	118.0	106.2
2	泗水大闸	93+860	泗水县	1984 年	989.7	355.0	5.5	94.0	74.9	95.5	244.8
3	东阳橡胶坝	91+800	泗水县	2014 年	992.0	300.0	5.0			91.0	504.0
4	红旗闸	74+770	曲阜市	1972 年	1 272.6	320.0	3.5	73.5	22.5	76.7	245.4
5	书院橡胶坝	64+700	曲阜市	2012 年	1 542.0	150.0	4.0	62.7	2.3	66.2	157.4
6	陈寨坝	61+582	曲阜市	1983 年	1 591.0	250.0	2.0			62.6	57.5
7	龙湾店闸	48+078	兖州区	1983 年	1 591.0	211.0	3.5	53.3	67.9	56.3	433.0
8	滋阳橡胶坝	42+400	兖州区	2011 年	1 677.9	170.0	4.0	47.5	17.4	50.7	369.5
9	金口坝	40+595	兖州区	535 年	1 677.9	121.0	2.3	46.7	11.7	48.7	60.2
10	城东橡胶坝	39+300	兖州区	2008 年	2 327.8	231.0	3.6	45.5	5.1	48.6	220.1
11	城南橡胶坝	35+000	兖州区	2008 年	2 327.8	161.0	4.6	43.5	3.2	47.0	416.3
12	泗源橡胶坝	122+400	泗水县	规划	174.0	160.0	3.0			120.0	144.0
13	苗馆橡胶坝	116+700	泗水县	规划	613.6	200.0	3.5			117.5	245.0
14	林泉橡胶坝	112+000	泗水县	规划	742.7	200.0	3.5	106.5	4.3	109.5	188.3

续表 3-2

序号	名称	桩号	所在县（市、区）	建成时间	流域面积/km^2	坝长/m	坝高/m	死水位/m	死库容/万 m^3	正常蓄水位/m	正常蓄水位相应库容/万 m^3
15	岳岭橡胶坝	106+300	泗水县	规划	742.7	240.0	3.5			103.5	294.0
16	寺台橡胶坝	99+600	泗水县	规划	807.2	260.0	3.0			98.0	234.0
17	临泗橡胶坝	85+800	泗水县	规划	1 062.2	420.0	5.0	80.5	14.4	85.0	980.0
18	官园大桥橡胶坝	83+100	泗水县	规划	1 202.5	330.0	3.0	79.0	16.0	81.5	187.9
19	泗滨橡胶坝	71+800	曲阜市	规划	1 272.6	373.8	4.7	70.9	286.3	72.5	544.8
20	颜家村橡胶坝	58+900	曲阜市	规划	1 591.0	200.0	3.0	59.1	9.2	61.6	132.9
21	张家村橡胶坝	55+700	曲阜市	规划	1 591.0	270.0	3.0	56.2	3.9	58.7	121.4
22	崇文大道橡胶坝	33+800	兖州区	规划	2 327.8	220.0	3.5	42.7	6.4	45.7	66.7
23	济邹公路橡胶坝	21+600	高新区	规划	2 327.8	270.0	4.0	39.7	65.1	43.2	445.5
24	岚济公路桥橡胶坝	13+200	任城区	规划	2 327.8	200.0	3.5	36.1	22.0	39.1	292.9
25	南二环橡胶坝	7+200	任城区	规划	2 342.6	120.0	3.0			38.0	268.0
	合计					5 852.8			668.7		6 959.8

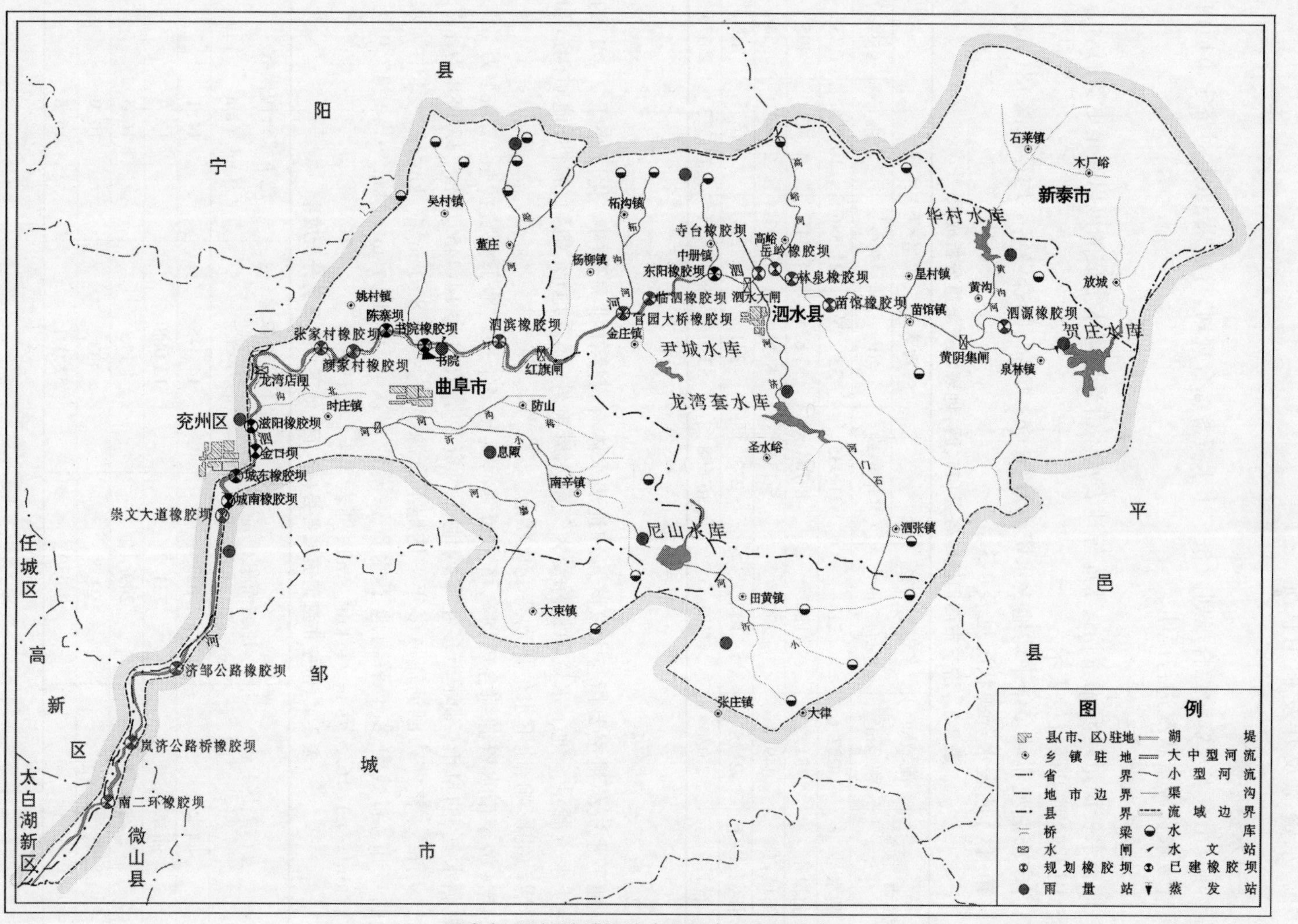

图 3-1　泗河流域河流水系及水利工程分布

三、水资源及开发利用状况

(一)水资源量

参照《山东省水资源综合规划》《济宁市水资源综合规划》等成果,重点对济宁市境内泗河流域水资源量状况进行说明。

1. 地表水资源量

地表水资源量是河流、湖泊、水库等地表水体由当地降水形成的可以逐年更新的动态水量,用天然河川径流量表示。

济宁市泗河流域多年平均地表水资源量 36 668 万 m^3,折合多年平均径流深 181 mm,各县(市、区)地表水资源状况见表 3-3。

表 3-3 济宁市泗河流域各县(市、区)地表水资源量分析成果

县(市、区)	流域面积/km^2	多年平均径流深/mm	地表水资源量/万 m^3				
			多年平均	20%	50%	75%	95%
泗水县	1 027.6	213	21 935	32 125	21 386	10 955	1 238
曲阜市	731.2	120	8 764	12 835	8 545	4 377	495
邹城市	249.4	230	5 736	8 401	5 593	2 865	324
兖州区及以下	21.8	107	233	341	227	116	13
合计	2 030	181	36 668	53 702	35 751	18 313	2 070

2. 地下水资源量

地下水资源量主要指与大气降水和地表水体有直接补排关系的矿化度小于 2 g/L 的浅层淡水资源量。地下水资源量除受大气降水影响外,还受地形、地貌、岩性、地质构造和人类活动的影响,地下水位呈动态变化状态。

据《济宁市水资源综合规划》,济宁市泗河流域多年平均地下水资源量 32 081 万 m^3,其中泗水县、曲阜市、邹城市多年平均地下水资源量依次为 14 445 万 m^3、13 088 万 m^3、4 115 万 m^3。济宁市泗河流域多年平均地下资源模数为 15.8 万 m^3/(km^2.a),其中泗水县、曲阜市、邹城市多年平均地下水资源模数依次为 14.1 万 m^3/(km^2·a)、17.9 万 m^3/(km^2·a)、16.5 万 m^3/(km^2·a),见表 3-4。

表 3-4 济宁市泗河流域各县(市、区)地下水资源量分析成果

县(市、区)	流域面积/ km^2	地下水资源量/万 m^3	地下水资源模数/[万 m^3/(km^2·a)]
泗水县	1 027.6	14 445	14.1
曲阜市	731.2	13 088	17.9
邹城市	249.4	4 115	16.5
兖州区及以下	21.8	433	19.9
合计	2 030	32 081	15.8

3. 流域水资源总量

区域内的水资源总量是指当地降水形成的地表和地下产水量,即地表径流量与降水

入渗补给量之和。济宁市泗河流域多年平均地表水资源量 36 668 万 m^3、地下水资源量 32 081 万 m^3，扣除重复计算量，多年平均当地水资源总量为 54 150 万 m^3。

4. 外流域调入水量

济宁市泗河流域外流域调入水量主要为南水北调长江水。南水北调工程调引长江水供水区涉及曲阜市，主要供给城市和工业用水。远期规划调江水水量指标为 1 100 万 m^3。

(二)水资源开发利用概况

根据《济宁市水资源公报》以及实地调查资料，分析统计泗水县、曲阜市、邹城市等近 10 年实际平均取用泗河地表水情况。可知，济宁市各县(市、区)多年平均取用泗河地表水 10 721 万 m^3，其中工业、农业、生态多年平均取水量分别为 389 万 m^3、9 212 万 m^3、1 117 万 m^3，见表 3-5。

表 3-5　济宁市县(市、区)多年平均取用泗河水量统计　单位：万 m^3

县(市、区)	工业取水量	农业取水量	生态取水量	其他取水量	总取水量
泗水县	389	3 232	27	3	3 651
曲阜市	0	2 600	500	0	3 100
兖州区	0	3 000	590	0	3 590
邹城市	0	260	0	0	260
济宁市区及以下	0	120	0	0	120
多年平均合计	389	9 212	1 117	3	10 721

水资源开发利用程度以当地地表水资源开发率、地下水开采率和水资源综合开发利用率 3 个指标来衡量。当地地表水资源开发率指地表水源供水量占地表水资源量的百分比，地下水开采率指浅层地下水开采量占地下水资源量的百分比。水资源综合开发利用率指总供水量占水资源总量的百分比。济宁市泗河流域多年平均实际供水量分析、当地水资源开发利用程度成果见表 3-6。

表 3-6　济宁市泗河流域当地水资源开发利用程度指标统计

项目	地表水	地下水	水资源总量
水资源量/万 m^3	36 668	32 081	54 150
多年平均供水量/万 m^3	10 721	12 761	18 791
开发利用率/%	29.2	39.8	34.7

由表 3-6 可以看出，济宁市泗河流域近年平均地表水开发利用率为 29.2%，尚有一定潜力；浅层地下水年均开发利用率 39.8%，已达较高水平。另外，按照山东省现行水资源配置原则，深层地下水仅作为应急保障水源，不建议开采。因此，未来应对地下水开发布局进行优化，减少开采量，同时将深层地下水的开采逐步置换，保护地下水环境。

四、水功能区水环境状况

(一)流域水功能区划现状

根据《山东省水功能区划》及《济宁市水功能区划》，济宁市泗河流域共划分水功能一级区 5 个。在开发利用区中共划分水功能二级区 34 个。水功能一级区、二级区基本情况分别见表 3-7、表 3-8。

表 3-7　济宁市泗河流域涉及水功能一级区基本情况

水功能一级区名称	流域	水系	河流	范围		长度/km	面积/km^2	水质目标	区划依据
				起始断面	终止断面				
泗河济宁开发利用区	淮河	沂沭泗河	泗河	源头	南四湖上级湖口	159		Ⅲ－Ⅳ	南水北调东线调水水质要求
济河泗水开发利用区	淮河	沂沭泗河	济河	源头	西历泗村西坝	177.5		Ⅲ	
黄沟河泗水开发利用区	淮河	沂沭泗河	黄沟河	华村水库	小黄沟西桥入泗河	4.2		Ⅲ	
沂河曲阜开发利用区	淮河	沂沭泗河	沂河	尼山水库溢洪道	沂河入泗河口	38.2		Ⅲ	
险河曲阜开发利用区	淮河	沂沭泗河	仙河	源头	入泗河口	22.8		Ⅳ	

表 3-8　济宁市泗河流域涉及水功能二级区基本情况

水功能二级区名称	流域	范围		水质代表断面	长度/km	面积/km^2	功能排序	水质目标	区划依据
		起始断面	终止断面						
泗河上游段饮用水源区	泗河	源头	故县坝	故县坝	33		饮用水源	Ⅲ	饮用水源
泗河泗水排污控制区	泗河	故县坝	红旗闸	红旗闸	22		排污控制	Ⅳ	接纳污水
泗河曲阜农业用水区	泗河	红旗闸	金口坝	金口坝	41.7		农业用水	Ⅳ	南水北调东线调水水质要求
泗河兖州农业用水区	泗河	金口坝	接庄公路桥	接庄公路桥	52.9		农业用水	Ⅳ	农业用水
泗河任城渔业用水区	泗河	接庄公路桥	入南四湖上级湖口	西程楼	12.5		农业用水、渔业用水	Ⅲ	南水北调东线调水水质要求
尹城水库泗水工业用水区	泗河			坝前		36	工业用水	Ⅲ	工业用水
贺庄水库泗水渔业用水区	泗河			坝前		5.18	渔业用水	Ⅲ	渔业用水

续表 3-8

水功能二级区名称	流域	范围		水质代表断面	长度/km	面积/km^2	功能排序	水质目标	区划依据
		起始断面	终止断面						
华村水库泗水渔业用水区	泗河			坝前		4.98	渔业用水	Ⅲ	渔业用水
龙湾套水库泗水饮用水源区	泗河			坝前		4.79	饮用水源	Ⅲ	饮用取水
尼山水库曲阜饮用水源区	沂河			坝前		11.1	饮用水源	Ⅲ	饮用水源
青界水库泗水饮用水源区	泗河			坝前		54.1	饮用水源	Ⅲ	饮用水源
陈庄水库泗水饮用水源区	泗河			坝前		105.9	饮用水源	Ⅲ	饮用水源
王坟水库泗水饮用水源区	泗河			坝前		30.9	饮用水源	Ⅲ	饮用水源
西头水库泗水工业用水区	泗河			坝前		30	工业用水	Ⅲ	工业用水
张家庙水库泗水饮用水源区	泗河			坝前		45	饮用水源	Ⅲ	饮用水源
石猪河水库泗水饮用水源区	泗河			坝前		81	饮用水源	Ⅲ	饮用水源
凤仙山水库泗水工业用水区	泗河			坝前		104.5	工业用水	Ⅲ	工业用水
西故安水库泗水饮用水源区	泗河			坝前		44.8	饮用水源	Ⅲ	饮用水源
济河泗水农业用水区	济河	源头	西历泗村西	泗水酒厂北大桥	177.5		农业用水	Ⅲ	农业用水
黄沟河泗水工业用水区	黄沟河	华村水库	小黄沟西桥入泗河	黄沟乡大桥	4.2		工业、农业用水	Ⅲ	工业、农业用水
沂河曲阜工业用水区	沂河	尼山水库	张曲橡胶坝	张曲橡胶坝	22.0		工业、农业用水	Ⅳ	南水北调工程水质要求
沂河曲阜景观娱乐用水区	沂河	张曲橡胶坝	入泗河口	入泗河口	16.3		景观娱乐	Ⅳ	南水北调调水水质要求

续表 3-8

水功能二级区名称	流域	范围		水质代表断面	长度/km	面积/km^2	功能排序	水质目标	区划依据
		起始断面	终止断面						
胡二东水库曲阜农业用水区	沂河					3.7	农业用水	Ⅲ	农业用水
险河曲阜农业用水区	仙河	源头	入泗河口	入泗河口	17.5		农业用水	Ⅳ	农业用水
梨园水库曲阜饮用水源区	仙河					14.3	饮用水源	Ⅲ	饮用水源
吴村水库曲阜农业用水区	仙河					17.5	农业用水	Ⅲ	农业用水
粮船石水库曲阜饮用水源区	仙河					11.5	饮用水源	Ⅲ	饮用水源
韦家庄水库曲阜农业用水区	仙河					53.7	农业用水	Ⅳ	农业用水
河店水库曲阜农业用水区	仙河					38.7	农业用水	Ⅳ	农业用水
三合村水库邹城农业用水区	小沂河			坝前		3.3	农业用水	Ⅲ	农业用水
八里碑水库邹城农业用水区	小沂河			坝前		15.05	农业用水	Ⅲ	农业用水
圈里水库邹城农业用水区	小沂河			坝前		3.13	农业用水	Ⅲ	农业用水
高桥水库邹城农业用水区	小沂河			坝前		4.75	农业用水	Ⅳ	农业用水
崮尚水库邹城农业用水区	小沂河			坝前		3.17	农业用水	Ⅳ	农业用水

(二)水功能区水质状况

根据2018年12月泗河水质断面的实测资料,对济宁市泗河流域水功能区水质进行达标评价。2018年济宁市泗河流域监测的10个重要水功能区中,达标的功能区有10个,达标率为100%,见表3-9。

表3-9　济宁市泗河流域主要水功能区水质现状评价

水功能区名称	水质目标	水质现状	是否达标
泗河上游段饮用水源区	Ⅲ	Ⅲ	达标
泗河泗水排污控制区	Ⅳ	Ⅱ	达标
泗河曲阜农业用水区	Ⅳ	Ⅱ	达标
泗河兖州农业用水区	Ⅳ	Ⅱ	达标
泗河任城渔业用水区	Ⅲ	Ⅱ	达标
尹城水库泗水工业用水区	Ⅲ	Ⅲ	达标
贺庄水库泗水渔业用水区	Ⅲ	Ⅲ	达标
华村水库泗水渔业用水区	Ⅲ	Ⅲ	达标
龙湾套水库泗水饮用水源区	Ⅲ	Ⅲ	达标
尼山水库曲阜饮用水源区	Ⅲ	Ⅲ	达标

五、水生态状况

据调查,泗河水系可观察到六大门类近30种浮游植物,种类较为丰富,绿藻门为其优势种类;浮游动物种类较简单;底栖生物丰富,为鱼虾等水生生物提供了丰富的饵料。总体来看,泗河流域水质状况较好,生态环境优美。

近些年来,人类活动干扰明显加大,干流河道已建及规划建设的拦河闸坝工程较多,且未建立起生态协同调度机制,枯水期存在生态缺水甚至断流风险。虽然泗河干流沿线拦河闸坝在滞流、防洪等方面发挥了重要作用,但因未建立流域层面的生态协同调度机制,在枯水期各拦河闸坝运行管理相对独立,抗风险能力较低,使得生态缺水更趋严重甚至出现断流现象。河道断流,对维系河流基本的生态功能造成了威胁。

六、泗河水文特征分析

(一)基础水文数据资料

泗河流域设有多处水文站,具有建站以来长序列逐日水文资料,本次主要对泗河干流上的书院站、支流上的尼山水库站进行分析。书院和尼山水库水文站基本情况见表3-10。

表 3-10 泗河流域水文站基本情况一览

序号	站名	站类型	站地址	资料系列	备注
1	书院	水文	山东省曲阜市书院乡书院村	1956—2016 年实测径流量，1956—2016 年天然径流量	干流
2	尼山水库	水文	山东省曲阜市尼山乡刘楼村	1961—2016 年实测径流量，1961—2016 年天然径流量	支流

(二)水文特征分析内容和方法

受到气候变化和人类活动双重因素影响,降水、径流等水文要素可能发生重大变化,如降水量减少、河道径流减少甚至断流等。由此,水文特征分析重点涉及降水量、径流量趋势变化和频率变化,尤其对河道径流变化影响因素进行识别量化。

常用水文要素的趋势分析方法有线性倾向估计、二次平滑、三次样条函数及肯德尔(Kendall)秩次相关法等,本次采用线性倾向估计法与累积距平法综合判断;频率分析采用皮尔逊Ⅲ型曲线,运用水文频率分析软件进行计算;河道径流变化影响因素量化采用降水径流关系模型进行识别分析。

皮尔逊Ⅲ型曲线法和降水径流关系模型法,因水文日常分析中应用较多,在此不再赘述,仅简要介绍线性倾向估计法和累积距平法的基本原理。

1. 线性倾向估计法

将水文气象要素的趋势变化用一次性方程表示,即

$$x_i = a_{ti} + b \quad (i = 1,2,\cdots,n) \tag{3-1}$$

式中:a 为回归系数;b 为常数。

2. 累积距平法

对于序列 x,某一时刻 t 的累积距平表示为

$$x_i = \sum_{i=1}^{t} (x_i - \bar{x}) \quad (t = 1,2,\cdots,n) \tag{3-2}$$

其中,$\bar{x} = \dfrac{1}{n}\sum_{i=1}^{n} x_i$,求出 n 个时刻的累积距平值,即可得到累积距平曲线。

根据曲线明显的起伏,判断其持续性变化、演变趋势和发生突变的大致时间。累积距平曲线下降表示距平值减小,上升表示距平值增加。

(三)实测径流水文特征分析

1. 径流断流天数

根据书院水文站径流量统计分析,书院水文站 1988—1990 年、1992 年断流比较严重,1988 年断流 156 d,1989 年全年断流,1990 年断流 168 d,1992 年断流 157 d。泗河断流(干涸)位置均为书院水文站基本水尺断面附近(书院村西北角 250 m 处泗河左岸),断流(干涸)原因均为上游天然来水不足及工业迅速发展、用水需求量迅速增加。

2. 径流趋势变化

1) 书院水文站实测径流趋势变化

书院水文站 1980—2016 年系列实测年平均流量 17 520 万 m^3,见表 3-11。

表 3-11　书院水文站实测年径流量　单位:万 m^3

年份	实测径流量	年份	实测径流量	年份	实测径流量
1980	31 732	1993	15 740	2006	15 774
1981	10 521	1994	5 583	2007	44 349
1982	4 331	1995	24 260	2008	31 792
1983	1 510	1996	7 566	2009	36 480
1984	21 081	1997	6 030	2010	22 400
1985	26 615	1998	42 588	2011	31 084
1986	19 051	1999	8 652	2012	16 214
1987	5 970	2000	3 092	2013	6 960
1988	1 547	2001	20 648	2014	891
1989	—	2002	3 053	2015	3 634
1990	25 819	2003	22 216	2016	15 687
1991	42 562	2004	33 153	平均	17 520
1992	1 696	2005	37 957		

本次采用线性倾向估计法与累积距平法[见式(3-1)和式(3-2)],确定泗河流域书院水文站实测径流量的变化趋势。结合累积距平曲线,划分径流量变化的阶段性,分析结果见图 3-2、图 3-3。

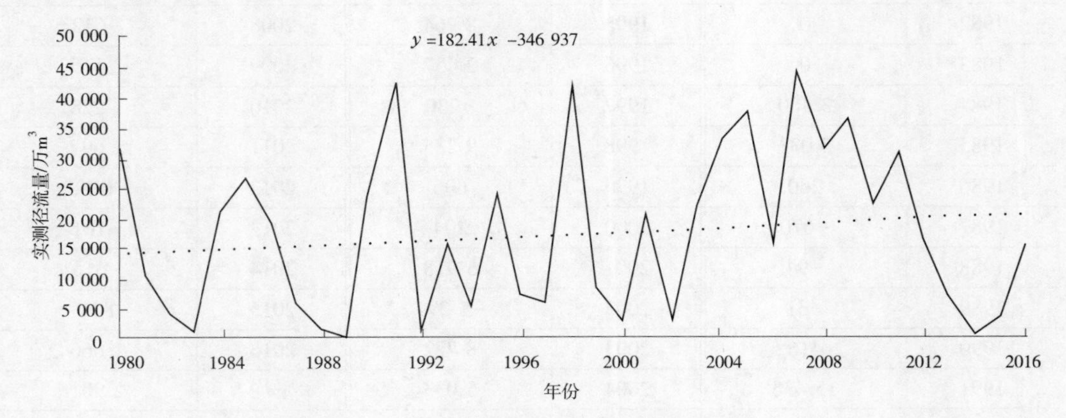

图 3-2　书院水文站实测年径流量变化过程

由图 3-2 可以看出,近 37 年来书院水文站实测径流量年际变化呈上升趋势。由图 3-3 累积距平图可知,1981—1984 年、1986—1989 年、1992—1997 年、1999—2003 年、2012—2016 年为显著的枯水阶段,累积距平曲线呈下降状态,距平为负值;1980 年、1985

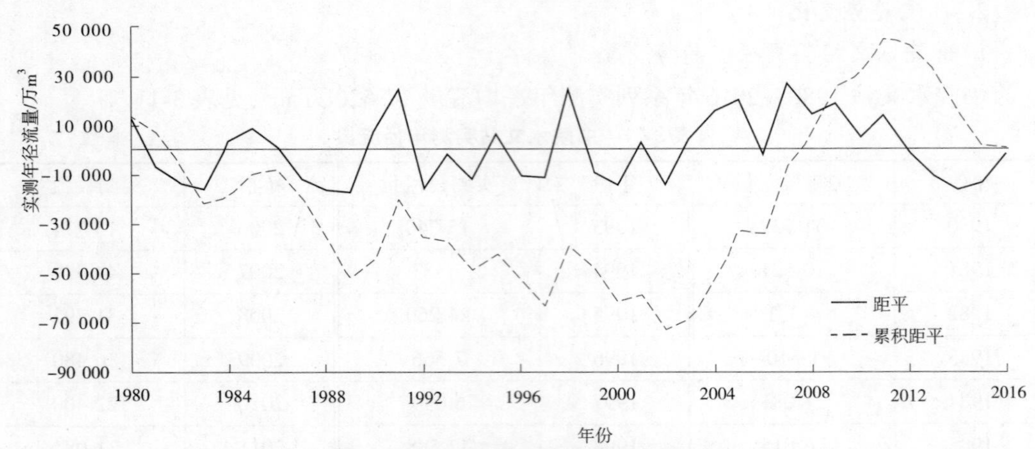

图 3-3　书院水文站实测年径流量累积距平变化过程

年、1995 年、2010 年为平水阶段；1990—1991 年、2004—2005 年、2007—2009 年累积距平曲线呈上升状态，年径流量高于多年平均值，处于丰水阶段。

2）尼山水库水文站实测径流趋势变化

尼山水库水文站 1980—2016 年系列实测年平均径流量 2 901 万 m^3，见表 3-12。本次采用线性倾向估计法与累积距平法［见式（3-1）和式（3-2）］，确定泗河流域尼山水库水文站实测径流量的变化趋势。结合累积距平曲线，划分径流量变化的阶段性，分析结果见图 3-4、图 3-5。

表 3-12　尼山水库水文站实测年径流量　　单位：万 m^3

年份	实测径流量	年份	实测径流量	年份	实测径流量
1980	5 191	1993	11 776	2006	1 756
1981	−250	1994	1 261	2007	9 097
1982	0	1995	8 264	2008	−642
1983	0	1996	2 457	2009	3 515
1984	3 460	1997	−230	2010	7 228
1985	3 033	1998	9 235	2011	1 697
1986	260	1999	606	2012	−1 322
1987	−670	2000	204	2013	−161
1988	−94	2001	3 918	2014	−615
1989	−31	2002	−1 297	2015	821
1990	416	2003	8 722	2016	1 666
1991	15 436	2004	5 033	平均	2 901
1992	−189	2005	7 801		

注：该水库水文站实测年径流量是通过实测的出库水量、供水量、蒸发渗漏损失水量等数值按水平衡方法推算所得，受库区年际调蓄作用影响，枯水年份可能出现负值，本书为保持统一口径及反映断面水文特征，特保留平衡结果原始数据开展分析。

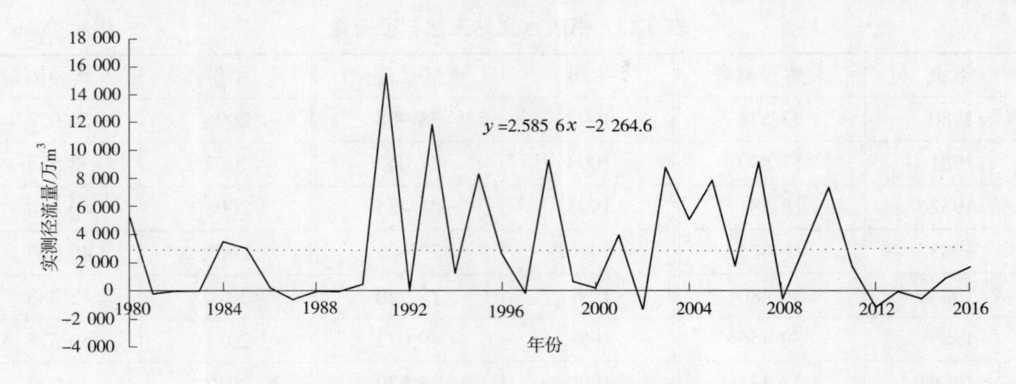

图 3-4　尼山水库水文站实测年径流量变化过程

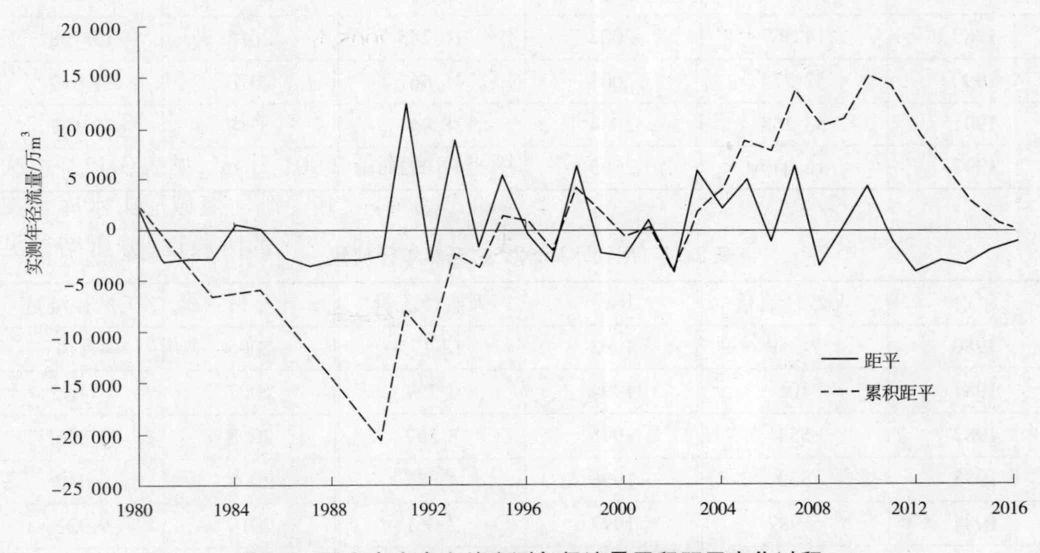

图 3-5　尼山水库水文站实测年径流量累积距平变化过程

由图 3-4 可以看出，近 37 年来尼山水库水文站实测径流量年际变化不大。由图 3-5 累积距平图可知，1981—1983 年、1985—1990 年、1992 年、1996—1997 年、1999—2000 年、2011—2016 年为显著的枯水阶段，累积距平曲线呈下降状态，距平为负值；1983—1984 年、2008—2009 年为平水年份；其他年份累积距平曲线呈上升状态，年径流量高于多年平均值，处于丰水阶段。

（四）天然径流量水文特征分析

据书院水文站和尼山水库水文站的 1980—2016 年天然径流量成果（见表 3-13、表 3-14），泗河流域天然径流系列年际变化剧烈，丰枯悬殊。书院水文站多年平均天然径流量为 32 186 万 m^3，其中最大值为 58 585 万 m^3（2007 年），最小值为 14 367 万 m^3（1989 年），最大值为最小值的 4.1 倍。尼山水库水文站多年平均天然径流量为 4 755 万 m^3，其中最大值为 15 740 万 m^3（1991 年），最小值为 106 万 m^3（1981 年）。

表 3-13　书院水文站天然年径流量　　单位:万 m³

年份	天然径流量	年份	天然径流量	年份	天然径流量
1980	43 578	1993	38 988	2006	24 072
1981	17 839	1994	27 062	2007	58 585
1982	18 581	1995	41 425	2008	40 420
1983	16 625	1996	27 675	2009	45 247
1984	36 780	1997	17 920	2010	42 283
1985	39 456	1998	49 072	2011	50 375
1986	28 431	1999	26 520	2012	24 792
1987	19 596	2000	22 019	2013	24 127
1988	14 368	2001	45 874	2014	15 094
1989	14 367	2002	16 285	2015	17 768
1990	52 774	2003	45 667	2016	31 999
1991	53 258	2004	38 844	平均	32 187
1992	16 049	2005	47 092		

表 3-14　尼山水库水文站天然年径流量　　单位:万 m³

年份	天然径流量	年份	天然径流量	年份	天然径流量
1980	7 359	1993	12 175	2006	4 114
1981	106	1994	4 227	2007	10 912
1982	554	1995	8 597	2008	1 896
1983	539	1996	4 387	2009	6 042
1984	5 987	1997	2 661	2010	9 922
1985	3 033	1998	11 129	2011	4 189
1986	776	1999	1 297	2012	2 028
1987	362	2000	3 013	2013	2 777
1988	164	2001	7 584	2014	1 699
1989	227	2002	2 072	2015	3 274
1990	3 948	2003	10 702	2016	4 281
1991	15 740	2004	7 363	平均	4 755
1992	844	2005	9 959		

选用皮尔逊Ⅲ型曲线,运用水文频率分析软件,对书院水文站、尼山书库水文站天然径流量进行适线,可获得相应的径流量统计参数和不同频率的年径流量值。以均值为基础,利用年径流量序列的适线结果(C_v、C_s 值),可求出汛期(6—9 月)、非汛期(1—5 月和

10—12 月)及各月不同频率下的径流量值,见表 3-15、表 3-16。

表 3-15　书院水文站不同频率天然径流量成果　单位:万 m³

时段	均值	不同频率径流量				
		5%	25%	50%	75%	95%
全年	32 187	56 308	40 849	31 567	23 852	15 258
汛期	23 969	50 954	31 762	21 767	14 164	6 844
非汛期	8 218	24 500	12 113	8 088	4 815	1 295
1 月	480	2 355	987	479	183	9
2 月	428	2 347	784	238	26	0
3 月	860	3 900	1 291	789	417	76
4 月	1 111	4 347	1 557	877	428	97
5 月	1 992	6 468	2 469	1 206	438	0
6 月	3 158	18 107	3 389	1 795	798	134
7 月	7 999	21 085	11 881	7 803	4 692	1 684
8 月	8 395	11 791	11 944	7 226	3 954	1 286
9 月	4 417	11 791	5 898	3 366	1 693	450
10 月	1 813	5 917	2 461	1 316	586	79
11 月	733	2 856	1 273	463	107	0
12 月	801	6 116	1 317	310	37	3

表 3-16　尼山水库水文站不同频率天然径流量成果　单位:万 m³

时段	均值	不同频率径流量				
		5%	25%	50%	75%	95%
全年	4 755	13 200	6 634	3 602	1 644	250
汛期	4 004	12 070	5 581	2 773	1 118	139
非汛期	752	2 562	1 043	441	132	0
1 月	10	43	0	0	0	0
2 月	11	39	0	0	0	0
3 月	107	568	86	8	0	0
4 月	169	595	230	93	28	0
5 月	323	1 231	433	151	31	0
6 月	313	1 383	390	94	1	0
7 月	1 379	5 517	1 672	530	175	118
8 月	1 684	6 187	2 188	818	267	118
9 月	627	2 705	772	199	23	0
10 月	85	460	64	4	0	0
11 月	22	126	14	0	0	0
12 月	25	130	1	0	0	0

泗河流域天然径流量年内分配不均,具有明显的丰水期和枯水期。从多年平均天然径流的年内分配情况来看,径流量主要集中于7—9月,书院月至翌年站和尼山水库站7—9月的径流量分别占全年总径流量的64.7%、77.6%,为丰水期。10月至翌年6月书院水文站和尼山水库水文站的径流量分别占全年总径流量的35.3%、22.4%,为枯水期。泗河流域书院水文站和尼山水库水文站天然径流量均值和年内分配情况见表3-17、图3-6、图3-7。

表3-17 书院水文站和尼山水库水文站天然径流量年内分配情况

时段	均值/万 m^3		年内分配/%	
	书院水文站	尼山水库水文站	书院水文站	尼山水库水文站
汛期	23 969	4 003	74.46	84.21
非汛期	8 218	752	25.53	15.79
1月	480	10	1.49	0.21
2月	428	11	1.33	0.22
3月	860	107	2.67	2.25
4月	1 111	169	3.45	3.56
5月	1 992	323	6.19	6.78
6月	3 158	313	9.81	6.58
7月	7 999	1 379	24.85	29.01
8月	8 395	1 684	26.08	35.44
9月	4 417	627	13.72	13.18
10月	1 813	85	5.63	1.78
11月	733	22	2.28	0.47
12月	801	25	2.49	0.52

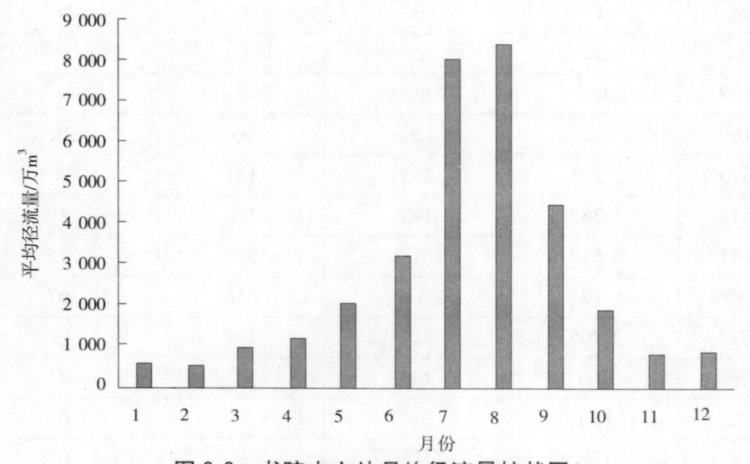

图3-6 书院水文站月均径流量柱状图

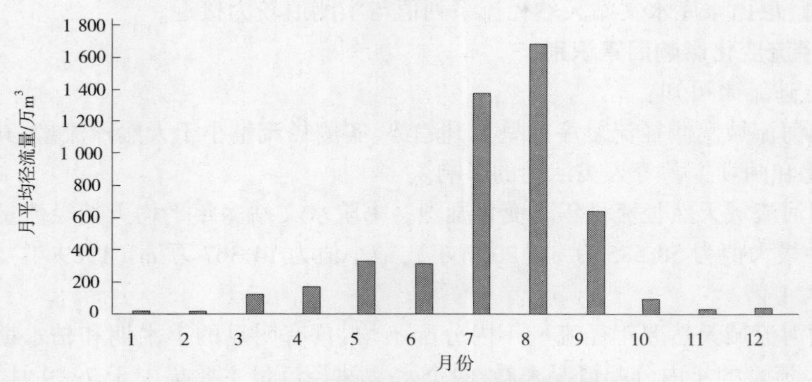

图 3-7　尼山水库水文站月均径流量柱状图

采用 1980—2016 年系列对比实测与天然径流量成果，如图 3-8、图 3-9 所示。

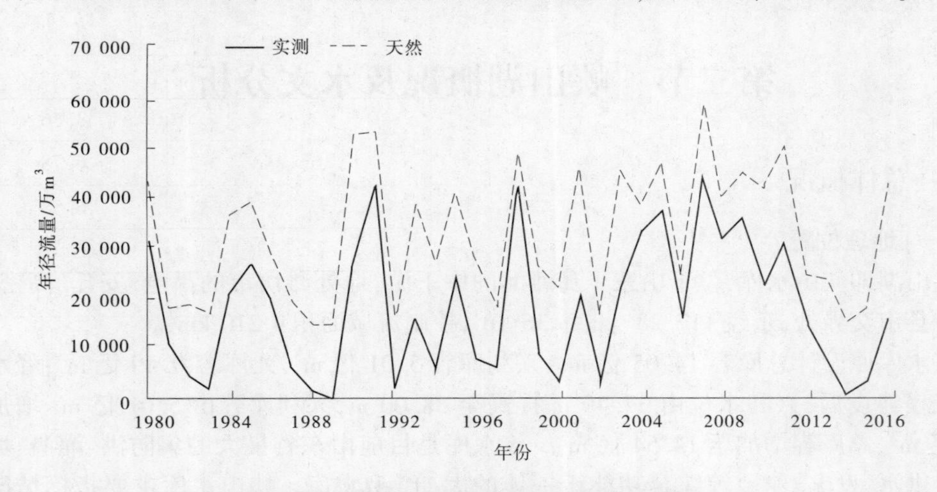

图 3-8　书院水文站天然径流量与实测径流量对比

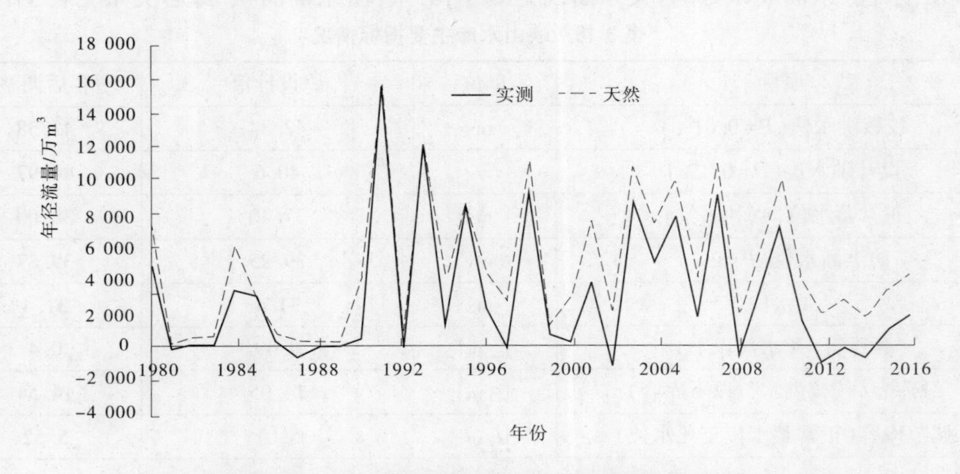

图 3-9　尼山水库水文站天然径流量与实测径流量对比

对比实测径流和天然径流系列,可以看出,书院水文站天然径流系列值明显高于实测径流系列值,尼山水库水文站天然径流系列值与实测值较为接近。

(五)径流变化影响因素识别

综合上述结果可知:

(1)泗河流域实测径流量序列呈上升趋势,实测径流量小于天然径流量,其主要原因是气候变化和闸坝拦蓄等人类活动的影响。

(2)泗河流域天然径流量年际变化剧烈。书院水文站多年平均天然径流量为 32 187 万 m^3,其中最大值为 58 585 万 m^3(2007 年),最小值为 14 367 万 m^3(1989 年),最大值为最小值的 4.1 倍。

(3)泗河流域天然翌年径流量年内分配不均,具有明显的丰水期和枯水期。从多年平均天然径流量的年内分配情况来看,两个水文站径流量主要集中于 7—9 月,占全年总径流量的 64.7%~77.6%,10 月至翌年 6 月两个水文站的径流量分别占全年总径流量的 22.4%~35.3%。

第二节　峡山湖概况及水文分析

一、总体概况

(一)地理位置

峡山湖即峡山水库,位于山东半岛潍河的中下游,地处潍坊市的昌邑、安丘、高密、诸城 4 个县市交界处,东经 117°23′、北纬 36°16′,控制流域面积 4 210 km^2。

该水库原设计总库容 14.05 亿 m^3,兴利库容 5.01 亿 m^3,死库容 0.49 亿 m^3;经水库增容工程建设后,兴利水位由 37.40 m 提高至 38.00 m,兴利库容由 5.01 亿 m^3 增加至 5.52 亿 m^3,总库容增加至 14.54 亿 m^3。该水库是目前山东省最大的集防洪、灌溉、城市及工业供水、发电、养殖等综合功能于一体的大(1)型水库。峡山水库主要指标情况见表 3-18,水位-水面面积-库容关系曲线见图 3-10,水位-水面面积-库容关系见表 3-19。

表 3-18　峡山水库主要指标情况

项目	单位	原设计值	增容后调整值
校核洪水位(P=0.01%)	m	42.34	42.58
设计洪水位(P=0.1%)	m	40.6	40.97
正常蓄水位(兴利水位)	m	37.40	38.00
防洪高水位(P=2%)	m	39.25	39.87
死水位	m	31.4	31.4
死库容(死水位以下)	亿 m^3	0.49	0.4
总库容(校核洪水位以下库容)	亿 m^3	14.05	14.54
调节库容(正常蓄水位至死水位)	亿 m^3	5.01	5.52

续表 3-18

项目	单位	原设计值	增容后调整值
正常蓄水位时水库面积	km^2	109.55	112.76
调节特性	—	多年调节	多年调节
库容系数	—	0.91	1.02

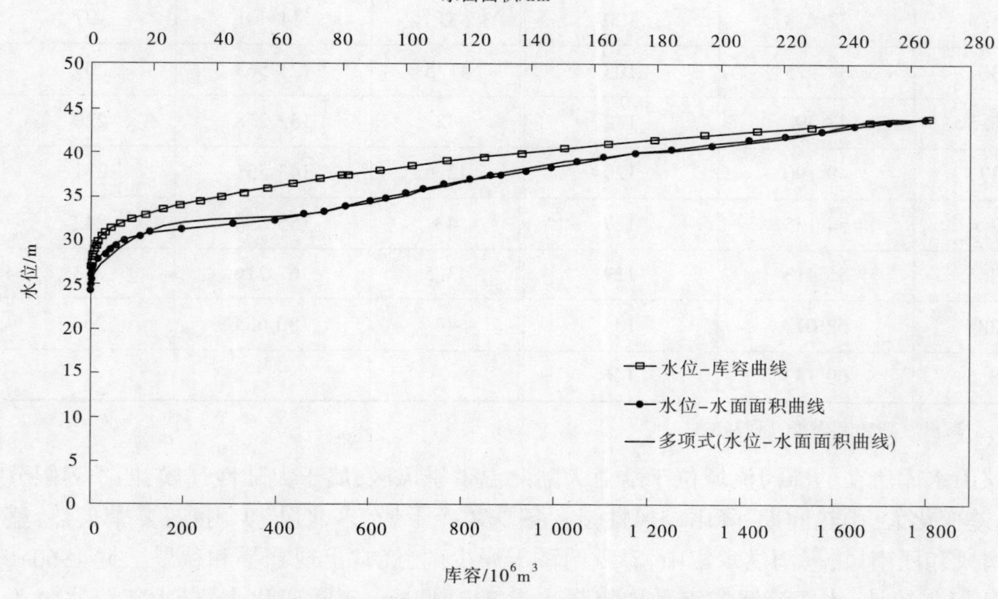

图 3-10　峡山水库水位-水面面积-库容关系曲线

表 3-19　峡山水库水位-水面面积-库容关系

水位/m	库容/万 m^3	水面面积/km^2	水位/m	库容/万 m^3	水面面积/km^2
24.5	0	0	29	800	6
25	0	0	29.5	1154	8
25.5	3	0	30	1615	11
26	19	0	30.5	2250	15
26.5	54	1	31	3109	19
27	111	1	31.5	4274	29
27.5	197	2	32	6120	45
28	329	3	32.5	8704	58
28.5	527	5	33	11828	67

续表 3-19

水位/m	库容/万 m^3	水面面积/km^2	水位/m	库容/万 m^3	水面面积/km^2
33.5	15 340	74	39	76 585	154
34	19 210	81	39.5	84 526	162
34.5	23 444	88	40	92 896	173
35	27 999	94	40.5	101 845	185
35.5	32 838	100	41	111 401	197
36	37 975	105	41.5	121 563	209
36.5	43 392	112	42	132 278	220
37	49 190	120	42.5	143 551	231
37.4	54 155	127	43	155 358	242
37.5	55 413	129	43.5	167 716	253
38	62 077	138	44	180 634	264
38.5	69 153	146			

注:表中高程为 1956 年黄海高程基准。

峡山水库所在的潍河流域位于欧亚大陆北温带季风区,属于大陆性气候,四季界限分明,温差变化大,雨热同期,降雨季风性强。冬季寒冷干燥,多北风,少雨雪;夏季炎热,盛行东南风和西南风,暴雨洪水集中,春秋两季干燥少雨,经常出现春旱和秋旱。据 1960—2013 年资料统计,水库流域多年平均年降水量 712.4 mm,年际变化大,最大年降水量为 1 298.3 mm,发生在 1964 年;最小年降水量为 450.0 mm,发生在 1982 年。降水年内分配也很不均匀,枯季少雨,汛期降水集中,6—9 月降水量占年降水量的 72%,形成春旱、夏涝、秋后又旱的局面。峡山水库的径流由大气降水补给,径流在时间上的变化特点与降水相似,但年际、年内变化更大。峡山水库位于潍河中下游,坝址以上干流长度 151 km,干流平均比降 0.7‰,水库以上流域为山丘区,其中石山区面积约占总面积的 30%,一般分布于干、支流的上游,丘陵区约占总面积的 60%,平原区约占 10%,流域形状为扇形。

(二)工程情况

峡山水库于 1958 年 11 月开工兴建,1960 年 9 月建成,1976—1979 年续建保安全工程对主副坝进行了加高培厚和溢洪闸扩建。而后,随其运行中发生的事故对工程进行了一、二期除险加固。

峡山水库上游流域内已建成大型水库 1 座、中型水库 11 座、小(1)型水库 31 座,控制流域面积 1 635.2 km^2、总兴利库容约 2.74 亿 m^3。峡山水库以上流域水利工程情况见表 3-20、图 3-11。

表 3-20　峡山水库以上流域水库工程情况统计

序号	水库名称	类型	地址	集水面积/km²	库容/万 m³		建成时间	灌溉面积/万亩	备注
					总库容	兴利库容			
1	墙夼水库	大型	诸城市枳沟镇	656.0	32 800.0	8 500.0	1960 年 8 月	30	
2	学庄水库	中型	五莲县中至乡学庄	34.0	1 740.0	1 137.0	1976 年 6 月	2.40	
3	石嵩后水库	小(1)	莒县东莞镇	4.0	171.0	116.0	1978 年 10 月	0.07	
4	黄崖水库	小(1)	莒县东莞乡黄崖村	3.0	102.0	76.0	1966 年 10 月	0.06	
5	朱家官庄水库	小(1)	莒县库山乡朱家官庄村	2.5	422.0	290.0	1966 年	0.12	
6	前裴家峪水库	小(1)	五莲县管帅镇	4.1	312.0	216.2	1968 年 8 月	0.28	
7	满堂峪水库	小(1)	五莲县高泽乡满堂峪村	17.0	760.0	362.0	1960 年 3 月	0.05	
8	却坡水库	小(1)	五莲县洪泽镇却坡庄	15.0	690.0	390.0	1959 年 7 月	0.20	
9	陆家庄水库	小(1)	五莲县洪泽镇陆家庄	15.3	209.0	70.0	1958 年 8 月	0.14	
10	冯家坪水库	小(1)	五莲县洪泽镇	14.0	771.0	465.0	1960 年 3 月	0.30	
11	水西河子水库	小(1)	五莲县高泽镇	4.0	217.0	94.0	1960 年 5 月	0.02	
墙夼水库以上			合计	768.9	38 194.0	11 716.2		33.64	
12	河西水库	中型	五莲县汪湖乡河西村	45.0	2 008.0	1 110.0	1960 年 4 月	1.20	
13	长城岭水库	中型	五莲县松柏乡长城岭村	42.0	975.0	475.0	1960 年 3 月	1.30	
14	小王疃水库	中型	五莲县许孟镇小王橦村	33.5	1 495.0	625.0	1960 年 4 月	1.20	
15	三里庄水库	中型	诸城市城关镇三里庄村	240.0	5 434.0	2 369.0	1958 年 8 月	7.50	
16	青墩子水库	中型	诸城市皇华镇青墩子村	102.0	3 350.0	1 770.0	1960 年 7 月	3.10	入三里庄水库
17	大福田水库	小(1)	诸城市石门乡大福田村	4.4	139.0	68.0	1979 年 5 月	0.20	入三里庄水库
18	莎沟水库	小(1)	诸城市郝戈庄乡西莎沟	19.4	470.0	313.0	1960 年 4 月	1.00	入三里庄水库

续表 3-20

序号	水库名称	类型	地址	集水面积/km²	库容/万 m³		建成时间	灌溉面积/万亩	备注
					总库容	兴利库容			
19	石龙口水库	小(1)	诸城市郝戈庄乡焦家庄	5.0	120.0	77.0	1967 年 6 月	0.30	入莎沟水库
20	共青团水库	小(1)	诸城市辛兴镇小杨谷村	133.5	1 670.0	636.0	1958 年 6 月	1.20	
21	牛台山水库	小(1)	诸城市辛兴镇山东头村	36.0	925.0	281.0	1967 年 6 月	0.70	入共青团水库
22	郭家村水库	中型	诸城市林家村镇郭家村	32.5	1 375.0	893.0	1968 年 10 月	0.78	入共青团水库
23	曙光水库	小(1)	诸城市桃园乡桃园村	6.0	230.0	136.0	1967 年 6 月	0.45	入郭家村水库
24	杨家庄水库	小(1)	诸城市林家村镇杨家庄	12.5	228.0	92.5	1966 年 6 月	0.08	入郭家村水库
25	石门水库	中型	诸城市石门乡石门村	22.0	1 157.0	604.0	1960 年 6 月	0.66	
26	下株梧水库	中型	安丘市奄上镇岐山村	32.0	1 620.0	942.0	1962 年 12 月	1.50	
27	吴家楼水库	中型	诸城市吴家楼乡吴家楼	33.0	2 038.0	428.0	1960 年 7 月	0.40	
28	于家河水库	中型	安丘市召忽镇	100.0	5 314.0	2 530.0	1967 年 7 月	4.50	
29	郭家秋峪	小(1)	安丘市陀山镇	4.0	174.0	110.0	1975 年 10 月	0.2	入于家河水库
30	山王庄水库	小(1)	五莲县许孟镇	4.0	338.0	230.0	1967 年 7 月	0.18	
31	北朱解水库	小(1)	诸城市朱解乡北朱解村	4.0	133.0	57.0	1960 年 6 月	0.30	
32	南朱解水库	小(1)	诸城市朱解乡南朱解村	4.5	126.5	81.5	1966 年 6 月	0.30	
33	圈河水库	小(1)	安丘市奄上镇圈河村	11.0	398.0	190.0	1976 年 10 月	0.50	
34	共青团水库	小(1)	安丘市管公乡韩家庙子	34.0	780.0	340.0	1968 年 9 月	3.00	入高家营水库
35	高家营水库	小(1)	安丘市管公乡高家营村	38.5	250.0	54.0	1966 年 10 月	0.76	
36	罗家庄水库	小(1)	安丘市白芬子镇罗家庄	13.0	350.0	147.0	1967 年 10 月	0.30	入伏留水库
37	伏留水库	小(1)	安丘市景芝镇伏留村	180.0	340.0	170.0	1960 年 5 月	0.50	
38	庄家村水库	小(1)	诸城市孟同镇	4.6	133.0	62.0	1980 年 12 月	0.33	
39	北楼水库	小(1)	安丘市召忽镇	15.25	172.0	56.0	1964 年 10 月	0.25	
40	漫流水库	小(1)	沂水县富官庄乡	8.0	108.0	76.0	1971 年 6 月	0.10	
41	何家庄水库	小(1)	沂水县富官庄乡	9.5	106.0	46.0	1965 年 1 月	0.15	
42	北相庄水库	小(1)	沂水县圈里乡	3.85	101.0	55.0	1958 年 5 月	0.06	
43	许家庄水库	小(1)	沂水县圈里乡	15.0	864.0	669.0	1977 年 6 月	0.05	

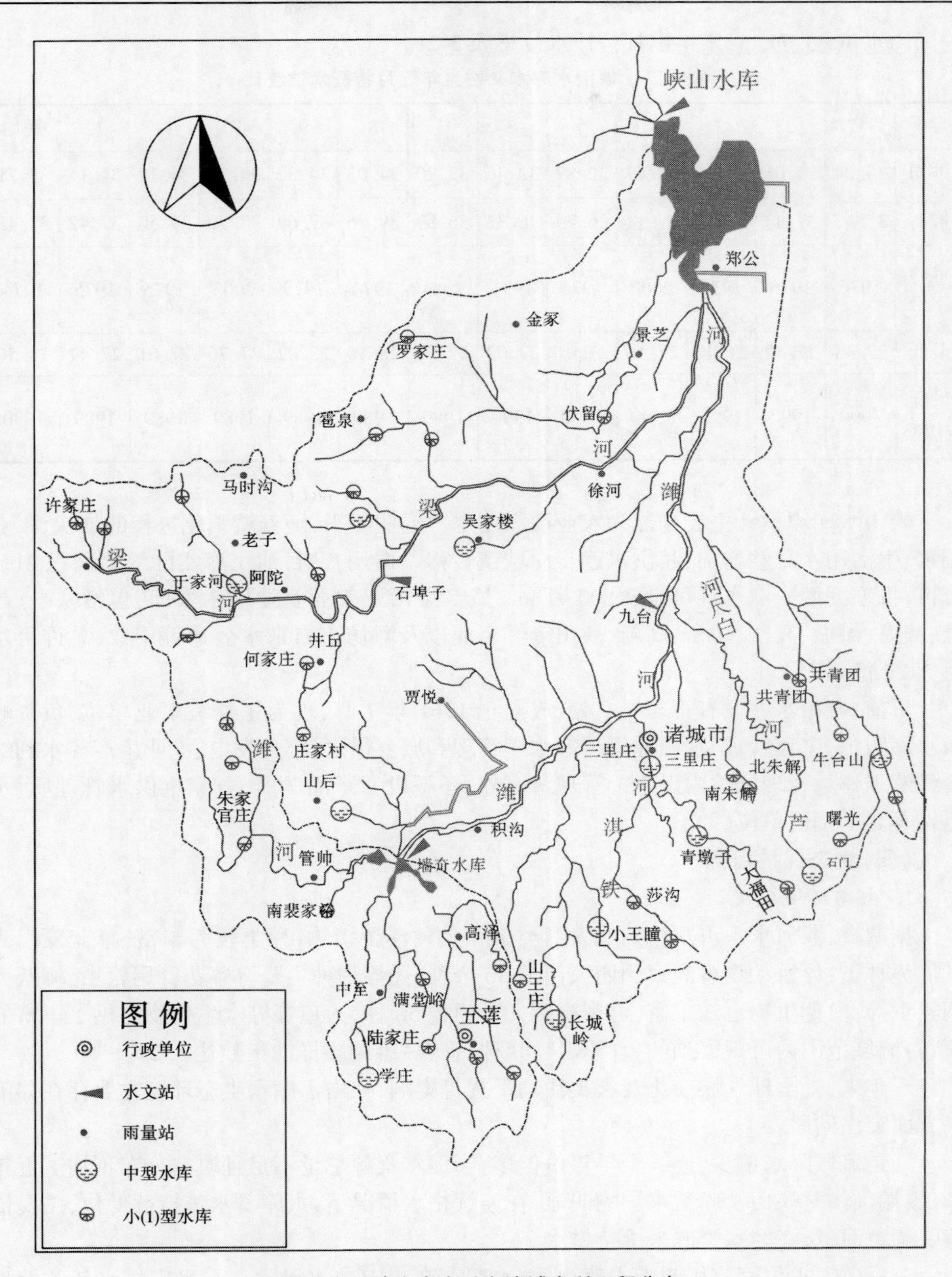

图 3-11　峡山水库以上流域水利工程分布

(三)运行管理情况

水库 1960 年 9 月建成蓄水,1960 年 4 月设立水文站进行水文观测。据统计,水库历年最高蓄水位 37. 45 m(1974 年 8 月),历年最低蓄水位 27. 56 m(1990 年 5 月)。多年平均库内水位 33.71 m，累年逐月特征水位见表 3-21。

表 3-21　峡山水库水文站累年逐月特征水位统计

月份	1	2	3	4	5	6	7	8	9	10	11	12	平均
平均	34.04	34.01	33.91	33.47	32.87	32.46	32.90	34.03	34.32	34.24	34.18	34.14	33.71
最高	37.43	37.43	37.52	37.11	36.73	36.33	36.83	39.76	37.69	37.70	37.50	37.42	37.45
最高年份	1976	1976	1976	2000	1976	1991	1964	1974	1975	2003	1975	1975	1974
最低	27.48	27.49	27.49	27.16	27.01	27.02	27.98	28.10	28.02	27.76	27.61	27.47	27.56
最低年份	1990	1990	1990	1990	1990	1990	1989	1989	1989	1989	1989	1989	1990

峡山水库原设计主要功能为农业灌溉用水。近些年来，随着城镇化进程的加快，工业用水、生活用水日益增加，其供水逐步向城镇转移。据调查，目前水库实际灌溉面积 21.1 万亩，批准的灌区取水许可量 9 800 万 m^3；城乡生活及工业企业用水方面，包括寒亭、昌邑、滨海、潍城、高密、坊子、高新、峡山等区企业以及潍坊市自来水公司等用户，总许可水量 2.27 亿 m^3。

目前，峡山水库设有管理局一处，成立于 1961 年 7 月，现为正县级事业单位，负责峡山水库防汛、工程管理、水源地保护等水库管理和城乡供水、水力发电、渔业生产等水利综合经营工作。管理局除内设 7 个管理科室外，还下设寒亭灌溉所、方家屯供水管理所、水电站等 8 个基层单位。

（四）生态保护目标

1. 生态环境状况

据调查，潍河水系可观察到八大门类 140 余种浮游植物，种类较为丰富，草蓝藻门为其优势种类；浮游动物可观察到四大门类 50 余种，优势物种主要有萼花臂尾轮虫、舞跃无柄轮虫等；底栖生物也较丰富，可观察到九大门类 58 种，为鱼虾等水生生物提供了丰富的饵料；流域范围内可观察到的鱼类 8 科 40 种，香农-维纳多样性指数达 3.27。

近年来，受全球气候变化及人类活动干扰等影响，峡山水库水生态环境主要存在如下三方面突出问题：

一是流域降水偏少，连续干旱年份偏多，当地水资源总量不足且时空分布不均。近年来，极端气候对峡山水库蓄水影响明显，在连续枯水情况下，水库蓄水位持续低位，主要依赖引调黄河、长江客水资源来维持供水。

二是生态水位管控机制尚未建立，枯水期存在生态缺水风险。受水库供水任务繁重影响，水库工程管理多以供水调度为中心，对库区生态环境需求关注较少，缺乏对生态水位日常监测、预报预警的机制，与战略水源地建设要求不相适应。

三是上游来水水质仍面临较大污染风险。近年来，上游区域城镇工业及生活用水量不断上升，产生的污水辗转进入河道，成为威胁库区水体水质安全的主要因素，加强水源水质保护、提升水体自净能力仍十分必要。

2. 保护目标

根据《河湖生态环境需水计算规范》(SL/T 712—2021),河流的生态保护目标可概括为生态环境保护的特定目标和基本目标。其中,特定目标为涉及的指示物种及生态敏感区需水量;基本目标为维持河湖基本形态、生物基本栖息地和基本自净能力等基本生态环境功能所对应的水量。

从峡山水库现状来看,未发现明确的指示物种及生态敏感区,因此生态保护目标确定为基本目标,即维持水库基本形态、生物基本栖息地和基本自净能力等基本生态环境功能所对应的水量,也即基本的生态水位。

二、水文分析

(一)天然径流量分析

参照《峡山水库胶东地区调蓄战略水源地工程——潍河下游调水入库工程可行性研究报告》(潍发改农经〔2018〕244号,2018年8月1日经潍坊市发展和改革委员会批复),开展峡山水库入库径流分析。

1. 流域水文站基本资料

峡山水库流域内设有雨量站32处、水库水文站3处,分别为峡山水库站、墙夼水库站和三里庄水库站。峡山水库站建于1960年4月,控制流域面积4 210 km^2,主要观测水库水位、蓄水量、出库流量等,具有1961—2013年连序53年观测资料。墙夼水库站位于潍河上游,距峡山水库坝址92 km,控制流域面积656 km^2,该站建于1960年6月,主要观测水库水位、蓄水量、出库流量等,具有1960—2013年连序54年观测资料。三里庄水库站位于潍河上游支流夫淇河上,距峡山水库坝址57 km,控制流域面积240 km^2,该站建于1959年1月,主要观测水库水位、蓄水量、出库流量等,具有1960—1985年连序26年观测资料。最多时设有水文站8处,现状有河道水文站3处。辉村水文站位于潍河干流,峡山水库坝址以下67 km处,可控制潍河全部支流,包括汶河在内。该站建于1950年8月,有1951—1959年、1963—1966年观测资料;1973年复设后改为汛期水位站,控制流域面积6 213 km^2。九台(诸城)为河道水文站,位于峡山水库以上潍河干流,该站建于1951年6月,具有1951—1998年水文观测资料,控制流域面积1 900 km^2。石埠子为河道水文站,位于潍河支流渠河中上游,控制流域面积554 km^2,该站建于1958年6月,具有1958—2013年水文观测资料,2004年1月迁到郭家屯,相距26.2 km。徐洞水文站设立于1956年5月,1959年改为水位站,1967年被撤销。此外,还设立过屯庄、穆村、北庄头、金口等水文站,现均已撤销。

2. 建库前天然径流量

墙夼水库、峡山水库水文站均设立于1960年,具有1961年以后的实测径流资料。峡山水库下游潍河干流上原有辉村水文站,于1950年8月设立,控制流域面积5 900 km^2,后改为水位站,现已被撤销;支流汶河上原设有北苏庄头水文站,于1950年11月设立,控制流域面积1 580 km^2,现已被撤销。汶河为峡山水库下游入干流唯一大支流,辉村水文站实测径流扣除北苏庄头站实测径流基本反映了峡山水库建库前径流特征。

考虑到1961年以前流域内并无稍大型工程建设，基本接近天然态，建库前天然径流成果完全可以采用辉村、北苏庄头2个水文站实测资料进行分析，进而通过水文比拟法分别得到墙夼水库和峡山—墙夼区间两计算单元1956—1960年天然径流量成果。

3. 建库后天然径流量

1）1961—2000年天然径流量

墙夼水库坝址以上流域现有中型水库1座（学庄水库），小（1）型水库9座；峡山—墙夼区间流域现建有中型水库10座、小（1）型水库22座，此外还建有引河闸（坝）、扬水站164处。上游工程的拦蓄及农业、城市等用户取水使得径流过程发生了一定的变化，对水库的入库径流有一定影响。为了使得到的系列具有一致性，需根据上游水利工程兴建年份和用水的不同进行天然径流量的还原计算。

山东省水文水资源勘测局在编制《山东省水资源综合规划》（2007年10月）的过程中，曾对墙夼水库、峡山水库（全流域）天然径流量分别进行了还原计算，其系列为1956—2000年，还原时考虑了系列的一致性调整，统一到近年下垫面产流水平，但该成果没有考虑水库的蒸发、渗漏损失。

峡山水库站自1960年4月开始观测，具有1961年以后的实测蒸发深资料；墙夼水库站具有1986年以后的实测蒸发资料。峡山水库蒸发量计算采用本水库站实测蒸发深资料；墙夼水库蒸发量计算，1961—1985年借用峡山水库站资料，1986—2000年采用本站实测资料。根据《水利水电工程水文计算规范》（SL 278—2002），将实测蒸发资料换算为ϕ20蒸发池蒸发深，再根据历年逐月水库库面面积计算出历年逐月蒸发增损量。

2008—2009年，峡山水库上游的墙夼水库进行了除险加固，其主要工程包括东库大坝和西库大坝坝基、坝体防渗处理。本次水库渗漏损失水量采用月平均库容的0.5%计算。

本次在《山东省水资源综合规划》1961—2000年成果的基础上增加蒸发、渗漏损失，分别得到墙夼水库和峡山—墙夼区间1961—2000年天然径流量系列。

2）2001—2013年天然径流量

对两计算单元2001—2013年天然径流量系列需进行还原计算。计算方法采用分项调查法，计算时段以月计，采用水量平衡方程式进行还原计算，方程如下：

$$W_{天然} = W_{实测} + W_{农业} + W_{工业} \pm W_{调蓄} + W_{蒸发} + W_{渗漏} \pm W_{上蓄水} \tag{3-3}$$

式中：$W_{天然}$为还原后的天然径流量，万m^3；$W_{实测}$为实测径流量，万m^3；$W_{农业}$为农业灌溉净耗水量，万m^3；$W_{工业}$为工业和生活净耗水量，万m^3；$W_{调蓄}$为水库的蓄水变量，万m^3；$W_{蒸发}$为水库蒸发损失量，万m^3；$W_{渗漏}$为水库渗漏损失量，万m^3，按月库容的1.0%计算；$W_{上蓄水}$为上游小型水库蓄水量，万m^3；

（1）水库蓄水变量还原计算。

$$W_{调蓄} = V_{末} - V_{初} \tag{3-4}$$

式中：$V_{末}$为计算时段末水库蓄水量，万m^3；$V_{初}$为计算时段初水库蓄水量，万m^3。

（2）水库蒸发量计算。

$$W_{蒸发} = \frac{1}{10}(Z_{水面} - Z_{陆面})F_{水库} \tag{3-5}$$

式中：$Z_{水面}$为水库水面计算时段内蒸发量，mm；$Z_{陆面}$为陆面计算时段内蒸发量，mm；$F_{水库}$为水库水面平均面积，km^2；$\frac{1}{10}$为单位换算系数。

(3)水库上游小型水库蓄水量还原计算。

按每年上游的小型水库控制面积、兴利库容、灌溉面积和灌溉用水量进行还原计算。

①中小型水库历年逐月入库径流量计算。在峡山水库天然年径流还原计算过程中，为了径流系列的一致性，峡山水库上游流域内中小型水库按修建的年份分别进行还原计算。由于中小型水库个数多，逐个计算工作量太大，在计算过程中，将每年修建的水库合并计算。其逐月径流量采用峡山水库年径流量，按水文比拟法计算，并按峡山水库当年年径流月分配。

②小型水库出库径流量计算。采用兴利库容控制法，当小型水库蓄水达到兴利库容时，小型水库便弃水，即作为上游小型水库的出库水量。

③小型水库径流量还原计算。对于峡山水库还原到天然年径流来说，应加上中小型水库的蓄水量和用水量，减去小型水库的出库水量(进入峡山水库的水量)。

墙夼水库流域内上游工程蓄水变量、工农业用水情况采用山东省水文水资源勘测局提供的墙夼水库站水文调查成果进行分析；峡山—墙夼区间流域上游工程蓄水变量、工农业用水情况采用峡山水库站、石埠子站、郭家屯站水文调查成果进行分析。

根据以上分析分别求得墙夼水库、峡山—墙夼区间2001—2013年天然径流量系列。

4. 天然径流量系列

将以上分析的建库前后天然径流量组成1956—2015年天然径流量系列。经统计分析，墙夼水库多年平均天然径流量为17 339万m^3，折合径流深264.3 mm；峡山—墙夼区间多年平均天然径流量为64 678万m^3，折合径流深182.0 mm；峡山水库全流域多年平均天然径流量为82 017万m^3，折合径流深194.9 mm。

《山东省水资源综合规划》中墙夼水库、峡山水库全流域多年平均(1956—2000年系列)径流量分别为16 208万m^3、71 566万m^3，折合径流深分别为247.1 mm和170.0 mm，较本次成果分别偏小6.1%和12.3%。本次分析考虑了水库的蒸发渗漏损失，总体来说，成果是基本合理的，各单元成果也反映了全流域内径流变化特点，与天然径流深等值线图的趋势也是一致的。点绘历年降水量、径流深变化趋势图，见图3-12，由图3-12可以看出，降雨、径流具有较明显的对应关系，天然径流量计算结果较为合理。峡山水库历年天然径流量结果见表3-22。

表3-22　峡山水库历年天然径流量结果

单位：万m^3

年份	来水量	年份	来水量	年份	来水量
1956	174 699	1961	92 291	1966	49 717
1957	163 225	1962	174 202	1967	50 500
1958	50 996	1963	80 335	1968	21 374
1959	90 999	1964	262 788	1969	17 747
1960	137 000	1965	86 321	1970	78 097

续表 3-22

年份	来水量	年份	来水量	年份	来水量
1971	164 859	1986	24 485	2001	81 917
1972	55 117	1987	12 025	2002	22 734
1973	64 332	1988	14 975	2003	110 056
1974	165 829	1989	7 508	2004	83 206
1975	165 949	1990	104 858	2005	115 226
1976	79 820	1991	56 835	2006	42 856
1977	20 082	1992	17 408	2007	110 275
1978	46 260	1993	74 418	2008	173 841
1979	52 944	1994	102 258	2009	51 998
1980	89 251	1995	98 097	2010	61 726
1981	30 921	1996	67 949	2011	143 494
1982	62 991	1997	56 616	2012	112 492
1983	16 696	1998	96 530	2013	65 930
1984	16 061	1999	123 214	2014	59 882
1985	67 800	2000	52 760	2015	7 403
均值					79 703

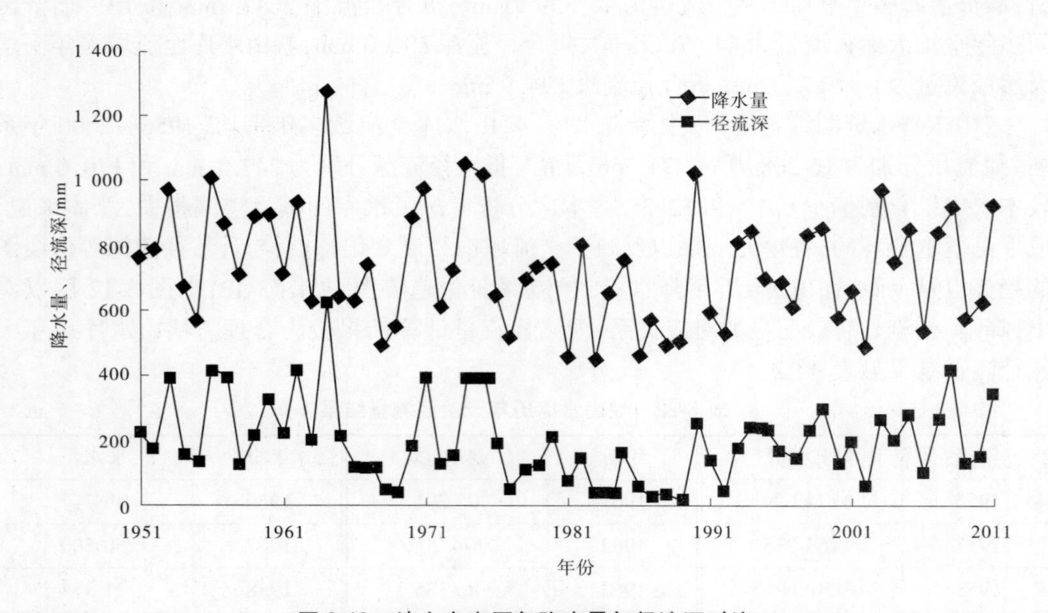

图 3-12　峡山水库历年降水量与径流深对比

(二)现状工程条件下来水量分析

峡山水库现状工程条件下的入库径流量是在水库天然径流量的基础上,扣除现状水库上游拦蓄水工程的蓄水量和用水量后的水量。现状工程情况下的水库来水量才是水库的实际入库水量,是水库进行长系列径流调节计算的基础。峡山水库现状工程条件下来水量由两部分组成:一是墙夼水库现状来水经调蓄后的下泄水量;二是峡山—墙夼区间现状工程条件下的来水量。

1. 墙夼水库调蓄后下泄水量

1)现状工程条件下来水量

分析计算墙夼水库现状工程条件下的来水量。首先,按现状上游工程控制面积、全流域面积的比例,分配天然径流量,得出水库现状上游工程及区间的来水量;其次,对现状上游工程的来水和用水进行简单的调节计算,得出其历年逐月的下泄水量,现状上游工程的下泄水量同区间来水之和即为现状工程情况下水库来水量。

经分析,墙夼水库多年平均现状工程条件下来水量为 13 151 万 m^3。

2)兴利调节计算

(1)用户需水情况。

根据《山东省诸城市墙夼水库除险加固工程初步设计报告》,墙夼水库现状主要用水对象为水库灌区。

墙夼水库灌区位于水库下游、潍河两岸、诸城市西部。南起一分干,北至渠河,西起总干渠,东到潍河。灌区范围包括五莲市的汪湖镇及诸城市的枳沟、吕标、贾悦、箭口、程戈庄、九台、石桥子、相州等乡镇。水利部水规计〔2001〕514 号文件批复灌区设计面积为 38 万亩,现状有效灌溉面积为 13.7 万亩。本次调算采用设计灌溉面积 38 万亩。

墙夼水库灌区为旱作区,主要作物有小麦、玉米、花生等。本次调算中,墙夼水库灌区灌溉用水净定额根据该水库进行大型灌区规划工作中所采用的灌溉定额,结合山东省水利厅对于有关进行节水灌溉的要求,对需水净定额进行了一定的调整。兴利调算中采用的水库灌区多年平均灌溉净定额为 170.6 m^3/亩。

(2)兴利调节计算。

根据以上分析的墙夼水库历年逐月来水量、农业灌溉净定额,考虑下游河道生态用水量,采用长系列变动用水时历法进行调算,得到 1956—2015 年历年逐月下泄水量,其多年平均值为 4 753 万 m^3。

2. 峡山—墙夼区间现状工程条件下来水量

同墙夼水库计算相同,根据峡山—墙夼区间现状工程情况及用户需水状况,将区间天然径流系列转化为现状工程条件下来水量。据统计,峡山—墙夼区间多年平均现状工程条件下来水量为 50 117 万 m^3。

3. 峡山水库现状工程条件下来水量

峡山—墙夼区间现状工程条件下来水量加上上游墙夼水库下泄水量即为峡山水库现状工程条件下入库水量,其多年平均值为 54 870 万 m^3(日历年)。

考虑到本项目取水水源白浪河水库和峡山水库兴利调算资料系列的一致性,本次兴利调节计算采用水文年,为 1956—2015 水文年现状来水,多年平均来水量为 53 613 万 m^3。

4. 现状工程条件下入库径流系列合理性分析

经以上分析计算的峡山水库入库径流，系列长度 62 年(水文年)，满足现行相关规范要求。系列中不仅包含了 20 世纪 60 年代初及 70 年代初两个丰水期，而且包括了 60 年代末及 80 年代两个较长的连续枯水年份，其丰枯代表性较好。采用峡山水库 1956—2015 年天然径流系列及现状工程条件下径流系列分别进行统计分析计算，频率曲线见图 3-13、图 3-14，计算结果见表 3-23、表 3-24。

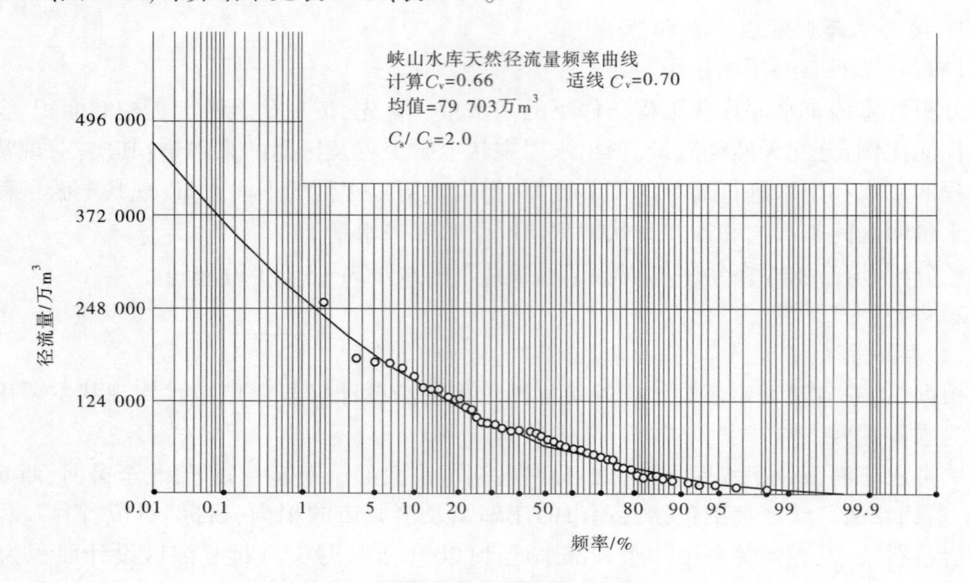

图 3-13　峡山水库天然径流量频率曲线

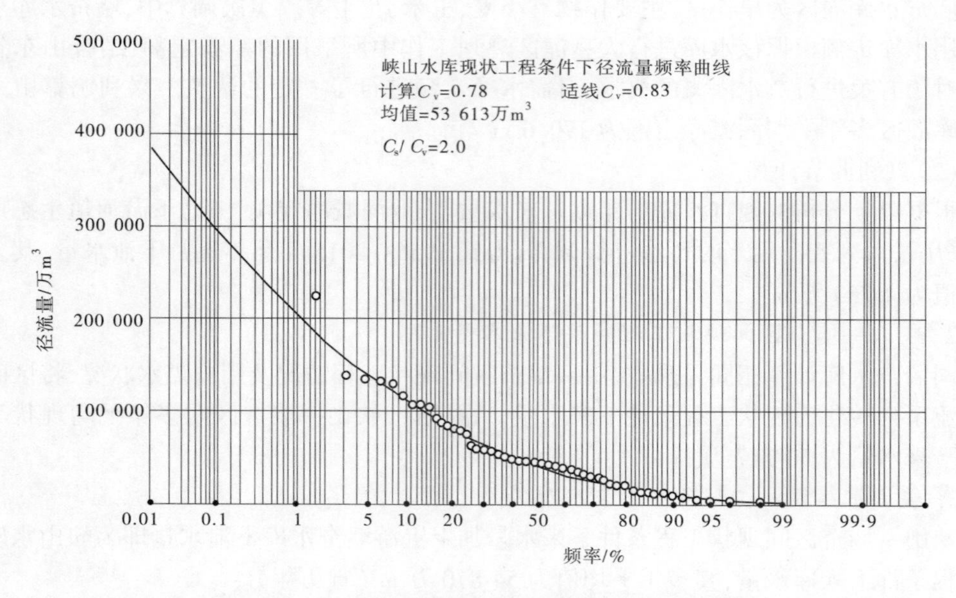

图 3-14　峡山水库现状工程条件下径流量频率曲线

表 3-23　峡山水库现状工程条件下来水量结果　单位：万 m^3

时段	来水量	时段	来水量
1956—1957 年	104 436	1986—1987 年	13 206
1957—1958 年	117 148	1987—1988 年	3 167
1958—1959 年	43 567	1988—1989 年	4 287
1959—1960 年	55 666	1989—1990 年	2 042
1960—1961 年	92 729	1990—1991 年	88 844
1961—1962 年	50 037	1991—1992 年	21 137
1962—1963 年	140 181	1992—1993 年	12 408
1963—1964 年	48 281	1993—1994 年	47 280
1964—1965 年	225 353	1994—1995 年	63 232
1965—1966 年	51 116	1995—1996 年	58 899
1966—1967 年	29 122	1996—1997 年	37 288
1967—1968 年	30 123	1997—1998 年	48 566
1968—1969 年	13 708	1998—1999 年	46 243
1969—1970 年	6 934	1999—2000 年	84 739
1970—1971 年	52 444	2000—2001 年	27 502
1971—1972 年	136 944	2001—2002 年	47 178
1972—1973 年	23 684	2002—2003 年	13 811
1973—1974 年	34 758	2003—2004 年	81 171
1974—1975 年	128 752	2004—2005 年	46 024
1975—1976 年	132 917	2005—2006 年	77 543
1976—1977 年	31 793	2006—2007 年	21 732
1977—1978 年	8 026	2007—2008 年	83 093
1978—1979 年	29 043	2008—2009 年	108 393
1979—1980 年	46 561	2009—2010 年	42 418
1980—1981 年	39 054	2010—2011 年	42 839
1981—1982 年	21 468	2011—2012 年	129 361
1982—1983 年	35 806	2012—2013 年	87 609
1983—1984 年	3 930	2013—2014 年	32 861
1984—1985 年	11 361	2014—2015 年	4 227
1985—1986 年	41 135	均值	53 613

表 3-24 峡山水库径流量统计分析计算成果

系列	适线 C_v	C_s/C_v	入库径流量/万 m^3			
			均值	$P=50\%$	$P=75\%$	$P=95\%$
天然条件	0.70	2	82 017	67 905	39 250	14 528
现状工程条件	0.83	2	55 093	42 123	21 278	5 979

峡山水库现状工程条件下多年平均入库径流量为 53 613 万 m^3(水文年,下同)。该系列中,最枯年份发生在 1989—1990 年,年入库径流量为 2 042 万 m^3,相当于多年平均值的 3.8%;最丰年份发生在 1964—1965 年,年入库径流量为 225 353 万 m^3,相当于多年平均值的 4.18 倍。1966—1969 年及 1977—1989 年为两个连续枯水期。1966—1969 年平均入库径流量为 24 318 万 m^3,比多年平均值偏小 54.9%;1977—1989 年平均入库径流量为 21 420 万 m^3,比多年平均值偏小 63.0%。1959—1964 年及 1974—1975 年为两个连续丰水期。1959—1965 年平均入库径流量为 102 041 万 m^3,是多年平均值的 1.89 倍;1974—1975 年平均入库径流量为 128 752 万 m^3,为多年平均值的 2.43 倍。

2014 年 11 月,山东省水利勘测设计院编制《山东省潍坊市峡山水库增容工程可行性报告》,采用 1956—2011 年实测径流资料,分析计算了峡山水库现状工程条件下径流系列,该报告计算现状工程条件下多年平均入库径流量为 53 862 万 m^3,比本次计算结果偏大 0.4%。两次计算结果相差较小,故本次计算的现状工程条件径流量结果较为合理。

第四章　季节性河流健康评估技术

河流健康是指河流自然生态状况良好,同时具有可持续的社会服务功能。其中,自然生态状况包括河流的物理、化学和生态三个维度,一般用完整性来表述其良好状况;可持续的社会服务功能是指河流不仅具有良好的自然生态状况,而且具有可以持续为人类社会提供服务的能力。河流健康评估,就是指对河流系统物理完整性(水文完整性和物理结构完整性)、化学完整性、生物完整性和服务功能完整性,以及它们的相互协调性的评价。

开展健康评估有利于系统掌握河湖生态状况,发现影响其生态健康的主要因子,进而为生态复苏配置措施指明方向。季节性河湖健康评估需要兼顾评估的系统性和差异性,在指标体系构建时注意水文特征引起的指标间的连锁反应。本书以泗河为例,系统展示评估技术应用过程。

第一节　评估思路

一、指导思想

开展河流健康评估工作,以习近平新时代中国特色社会主义思想为指导,牢固树立山水林田湖草沙是生命共同体的发展理念,落实“节水优先、空间均衡、系统治理、两手发力”的治水思路,围绕“水利工程补短板、水利行业强监管”的水利改革发展总基调,以水资源承载能力为刚性约束,通过建立适合山东省实际的评估指标体系,在调查、监测的基础上开展科学、客观、系统的诊断评估,明确河流在生态保护修复方面存在的问题和短板,从生态廊道建设、水源涵养区保护、饮用水源保护、水土保持等方面提出切实可行的对策措施,持续提升河流健康水平,促使河流成为造福群众的幸福河!

二、基本原则

开展河流健康评估,遵循以下原则:

(1)科学客观,尊重事实。严格筛选评估指标,采用科学的评估方法和赋分标准,进行综合客观的评估,尊重事实,客观反映河流在物理、化学和生态三个维度的真实状况。

(2)生态优先,促进监管。尊重自然、顺应自然、保护自然,坚持人与自然和谐,保护河流生态空间,充分体现河流完整性促进生态保护的优先要求;同时,加强与河长制建设相结合,以健康评估促进河流的日常监管,进一步调整人的行为,特别是纠正错误行为。

(3)空间均衡、协同发展。要充分认识河流及其流域均衡、协同发展的重要性,协调上下游、干支流、左右岸、地上地下、城市乡村的共同健康发展,进行分段、分区、分时动态化的评估。

(4)系统治理、综合施策。针对评估反映的客观问题或不足,进行系统研究,把山水林田湖草沙作为一个生命共同体,以流域和子流域为单元强化整体保护、系统修复、综合治理,统筹解决水灾害、水资源、水生态、水环境问题。

(5)以人为本、保障民生。牢固树立以人民为中心的发展思想,着力解决人民群众最关心、最直接的防洪、供水、灌溉、水生态等问题,以综合性措施不断提升河流健康水平,提高人民群众的获得感、幸福感和安全感。

三、评估流程

本次河流健康评估工作流程包括技术准备、调查监测、报告编制等3个阶段。其中技术准备阶段主要是开展资料收集与现场踏勘,参照《河湖健康评估技术导则》等相关标准规范并结合实际筛选出评估指标体系,制订评估方案;调查监测阶段,则针对评估指标根据技术需要开展必要的检测和监测工作;报告编制阶段,则是完成评估报告编制、专家咨询和审查验收等工作。河流健康评估工作流程如图4-1所示。

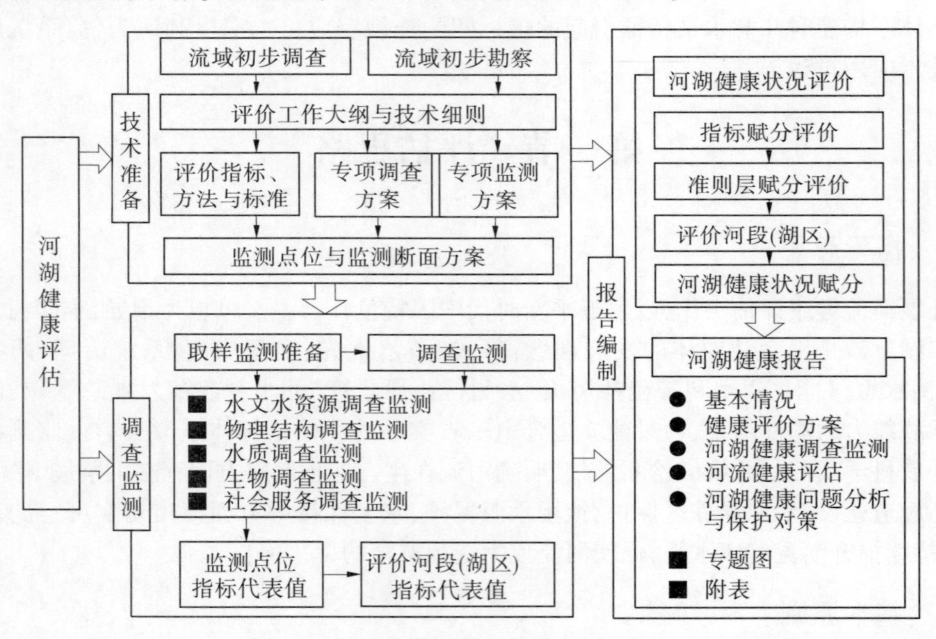

图4-1　河流健康评估工作流程

第二节　评估指标体系与数学模型

一、评估指标体系

(一)指标筛选原则

开展河流健康评估,指标筛选遵循以下原则:

(1)科学认知原则。基于现有的科学认知,筛选出可以基本判断其变化驱动成因的评估指标。

(2)数据获得原则。评估数据可以在现有监测统计成果基础上进行收集整理,或采用合理(时间和经费)的补充监测手段可以获取的指标。

(3)评估标准原则。基于现有成熟或易于接受的方法,可以制定相对严谨的评估标准的评估指标。

(4)相对独立原则。选择的评估指标,内涵不存在明显的重复,能够发挥互补性作用。

(5)兼顾统筹原则。从物理、化学和生态等 3 个维度以及资源、环境、社会、管理等多个方面选取代表性指标,力求交叉均衡。

(6)贴合实际原则。在开展充分调查的基础上,选取能切实反映实际特征的指标,避免为评估而评估。

(二)指标体系构建

遵循上述原则,选取 18 项指标建立河流健康评估指标体系,见表 4-1。

表 4-1　河流健康评估指标体系

<table>
<tr><th>目标层</th><th>准则层</th><th colspan="2">指标层</th></tr>
<tr><td rowspan="18">河流健康</td><td rowspan="4">水文水资源</td><td colspan="2">水资源开发利用率</td></tr>
<tr><td colspan="2">流量过程变异程度</td></tr>
<tr><td colspan="2">生态用水满足程度</td></tr>
<tr><td colspan="2">水土流失治理程度</td></tr>
<tr><td rowspan="4">物理结构</td><td rowspan="3">河岸带状况</td><td>河岸带稳定性</td></tr>
<tr><td>河岸带植被覆盖度</td></tr>
<tr><td>河岸带人工干扰程度</td></tr>
<tr><td colspan="2">河流纵向连通性指数</td></tr>
<tr><td rowspan="5">水质</td><td colspan="2">入河排污口布局合理程度</td></tr>
<tr><td colspan="2">水体整洁程度</td></tr>
<tr><td colspan="2">水质优劣程度</td></tr>
<tr><td colspan="2">底泥污染状况</td></tr>
<tr><td colspan="2">水功能区达标率</td></tr>
<tr><td rowspan="2">生物</td><td colspan="2">大型无脊椎动物生物完整性指数</td></tr>
<tr><td colspan="2">鱼类保有指数</td></tr>
<tr><td rowspan="3">社会服务功能</td><td colspan="2">公众满意度</td></tr>
<tr><td colspan="2">防洪指标</td></tr>
<tr><td colspan="2">供水指标</td></tr>
</table>

该健康评估指标体系具有以下特点:

(1)包括目标层、准则层及指标层;

(2)目标层为河流健康,是河流生态系统状况与社会服务功能状况的综合反映;

(3)准则层包括水文水资源准则层、物理结构准则层、水质准则层、生物准则层和社会服务功能准则层,力求系统全面。

(4)指标层包括 18 项具体指标,分别反映具体指标情况。

二、评估指标计算与赋分标准

健康评估按指标赋分,具体办法如下。

(一)水文水资源指标

1. 水资源开发利用率

评估河流流域地表水供水量占流域地表水资源量的百分比,按下式计算:

$$\mathrm{WRU} = \mathrm{WU}/\mathrm{WR} \tag{4-1}$$

式中:WRU 为地表水资源开发利用率;WU 为评估河流流域地表水取水量;WR 为评估河流流域地表水资源总量。

水资源开发利用率评估赋分标准见表 4-2。

表 4-2　水资源开发利用率评估赋分标准

水资源开发利用率	≤40%	50%	67%	75%	≥90%
赋分	100	80	50	20	0

2. 流量过程变异程度

流量过程变异程度,评估现状开发状态下一个完整年份实测月径流过程与天然月径流过程的差异,由这一年逐月实测径流量与天然月径流量的平均偏离程度表达,按式(4-2)和式(4-3)计算。

$$\mathrm{FD} = \left\{ \sum_{m=1}^{12} \left[(q_m - Q_m)/\overline{Q}_m \right]^2 \right\}^{1/2} \tag{4-2}$$

$$\overline{Q}_m = \frac{1}{2} \sum_{m=1}^{12} Q_m \tag{4-3}$$

式中:FD 为流量过程变异程度;q_m 为评估基准年实测月径流量;Q_m 为评估基准年天然月径流量;$\overline{Q}_m$ 为评估基准年天然月径流量年均值。

流量过程变异程度指标评估赋分标准见表 4-3。

表 4-3　流量过程变异程度指标评估赋分标准

流量过程变异程度	0.05	0.1	0.3	1.5	3.5	5
赋分	100	75	50	25	10	0

3. 生态用水满足程度

评估河流生态用水满足程度。分别计算 4—9 月及 10 月至翌年 3 月最小日均流量占多年平均流量的百分比,根据表 4-4 分别计算,取二者的最低赋分为评估河流生态用水满足程度最终赋分。

表 4-4　河流生态用水满足程度评估赋分标准

10月至翌年3月最小日均流量占比	≥30%	20%	10%	<10%
赋分	100	80	40	0

4—9月最小日均流量占比	≥50%	40%	30%	10%	<10%
赋分	100	80	40	20	0

4. 水土流失治理程度

水土流失治理程度，即评估河流集水区范围内水土流失治理面积占总水土流失面积的比例。水土流失治理程度赋分标准见表 4-5。

表 4-5　水土流失治理程度评估赋分标准

水土流失治理程度	100%~90%	90%~75%	75%~60%	60%~50%	<50%
赋分	100	80	40	10	0

（二）物理结构指标

1. 河岸带稳定性

根据河岸坡侵蚀现状（包括已经发生的或潜在发生的河岸侵蚀）进行评估，评估要素包括岸坡倾角、岸坡植被覆盖度、河岸高度、基质特征和坡脚冲刷状况，采用式(4-4)计算。

$$BKS_r = (SA_r + SC_r + SH_r + SM_r + ST_r)/5 \tag{4-4}$$

式中：BKS_r 为岸坡稳定性指标赋分；SA_r 为岸坡倾角分值；SC_r 为岸坡覆盖度分值；SH_r 为岸坡高度分值；SM_r 为河岸基质分值；ST_r 为坡脚冲刷强度分值。

河岸稳定性指标中评估要素赋分标准见表 4-6。

表 4-6　河岸稳定性指标中评估要素赋分标准

岸坡特征	稳定	基本稳定	次不稳定	不稳定
分值	100	75	25	0
斜坡倾角/(°)　<	15	30	45	60
植被覆盖度/%　>	75	50	25	0
斜坡高度/m　<	1	2	3	5
基质(类别)	基岩	岩土河岸	黏土河岸	非黏土河岸
河岸冲刷状况	无冲刷迹象	轻度冲刷	中度冲刷	重度冲刷
总体特征描述	近期内河(湖、库)岸不会发生变形破坏，无水土流失现象	河岸结构有松动发育迹象，有水土流失迹象，但近期不会发生变形和破坏	河岸松动裂痕发育趋势明显，一定条件下可导致河岸变形和破坏，中度水土流失	河岸水土流失严重，随时可能发生大的变形和破坏，或已经发生破坏

2. 河岸带植被覆盖度

评估河岸带植被(包括自然和人工)垂直投影面积占评估河岸带面积比例。重点评估河岸带陆向范围乔木(6 m 以上)、灌木(6 m 以下)和草本植物的覆盖状况。河岸带植被覆盖度评估可采用直接评判赋分法。

计算评估河岸带植被(包括自然和人工)植被覆盖度,根据表 4-7 赋分。

表 4-7 河岸带植被覆盖度指标直接评估赋分标准

河岸带植被覆盖度	说明	赋分
0	无植被	0
0~10%	植被稀疏	25
10%~40%	中度覆盖	50
40%~75%	重度覆盖	75
>75%	极重度覆盖	100

3. 河岸带人工干扰程度

调查评估河岸带及其邻近陆域是否存在以下 15 类人类活动:河岸硬质性砌护,采砂,沿岸建筑物(房屋),公路(铁路),垃圾填埋场或垃圾堆放,管道,农业耕种,畜牧养殖,打井,挖窖,葬坟,晒粮,存放物料,开采地下资源,考古发掘及集市贸易。

评估方法:无上述 15 类活动的河段赋分为 100 分,每出现一项人类活动扣除其对应分值,扣完为止。15 类人类活动赋分标准见表 4-8。

表 4-8 河岸带人工干扰程度评估赋分标准

序号	人类活动类型	所在位置		
		水边线以内	河岸带	河岸带向陆域延伸(小河 10 m 以内,大河 30 m 以内)
1	河岸硬质性砌护		-5	
2	采砂	-30	-40	
3	沿岸建筑物(房屋)	-15	-10	-5
4	公路(铁路)	-5	-10	-5
5	垃圾填埋场或垃圾堆放		-60	-40
6	管道	-5	-5	-2
7	农业耕种		-15	-5
8	畜牧养殖		-10	-5
9	打井		-10	-5
10	挖窖		-5	-2
11	葬坟		-10	-5

续表 4-8

序号	人类活动类型	所在位置		
		水边线以内	河岸带	河岸带向陆域延伸（小河 10 m 以内，大河 30 m 以内）
12	晒粮、存放物料		−5	−2
13	开采地下资源		−10	−5
14	考古发掘		−10	−5
15	集市贸易		−10	−5

4. 河流连通状况

采用河流纵向连通性指数，根据单位河长内影响河流连通性的建筑物或设施数量进行评估，有过鱼设施的不在统计范围之列。赋分标准见表 4-9。

表 4-9　河流纵向连通性指数评估赋分标准

河流纵向连通性指数/（个/100 km）	≥1.2	1~1.2	0.5~1	0.25~0.5	0.2~0.25	0~0.2
赋分	0	20	40	60	80	100

（三）水质指标

1. 入河排污口布局合理程度

入河排污口布局合理程度评估入河排污口合规性及其混合区规模。入河排污口布局合理程度评估赋分标准见表 4-10，根据每种情况下不同条件分别赋分，取其中最差状况确定最终得分。

表 4-10　入河排污口布局合理程度评估赋分标准

入河排污口设置情况	赋分
河流水域无入河排污口	80~100
（1）饮用水源一、二级保护区均无入河排污口； （2）仅排污控制区有入河排污口，且不影响邻近水功能区水质达标，其他水功能区无入河排污口	60~80
（1）饮用水源一、二级保护区均无入河排污口； （2）取水口上游 1 km 无排污口，排污形成的污水带（混合区）长度小于 1 km 或宽度小于 1/4 河宽	40~60
（1）饮用水源二级保护区存在入河排污口； （2）取水口上游 1 km 内有排污口，排污口形成污水带（混合区）长度大于 1 km 或宽度为 1/4~1/2 河宽	20~40
（1）饮用水源一级保护区存在入河排污口； （2）取水口上游 500 m 内有排污口，排污口形成的污水带（混合区）长度大于 2 km 或宽度大于 1/2 河宽	0~20

2. 水体整洁程度

水体整洁程度根据评估河流水域感官状况评估。水体整洁程度评估赋分标准见表4-11，根据臭和味、漂浮废弃物中最差状况确定最终得分。

表4-11　水体整洁程度评估赋分标准

感官指标	优	良	中	差	劣
臭和味	无任何异味	仅敏感者可以感觉	多数人可以轻微感觉	已能明显感觉	有很显著的异味
漂浮废弃物	无漂浮废弃物	有极少量漂浮废弃物	有少量漂浮废弃物	有较多漂浮废弃物	有大量成片漂浮废弃物
赋分	80~100	60~80	40~60	20~40	0~20

3. 水质优劣程度

水质优劣程度按照评估河流水质类别比例赋分。水质类别比例根据《地表水资源质量评价技术规程》(SL 395—2007)进行评估，按照河长统计。水质优劣程度评估赋分标准见表4-12。

表4-12　水质优劣程度评估赋分标准

水质优劣程度	Ⅰ~Ⅲ类水质比例≥90%	75%≤Ⅰ~Ⅲ类水质比例<90%	Ⅰ~Ⅲ类水质比例<75%，且劣Ⅴ类比例<20%	Ⅰ~Ⅲ类水质比例<75%，且20%≤劣Ⅴ类比例<30%	Ⅰ~Ⅲ类水质比例<75%，且30%≤劣Ⅴ类比例<50%	劣Ⅴ类比例≥50%
赋分	100	80	60	40	20	0

4. 底泥污染状况

采用底泥污染指数评估河流底泥污染项目超标状况。底泥污染指数采用“一票否决法”评估，底泥污染指数由底泥中每一项污染物浓度与对应标准值相除得出。污染物浓度标准值参考《土壤环境质量 农用地土壤污染风险管控标准(试行)》(GB 15618—2018)，见表4-13。底泥污染状况评估赋分标准见表4-14。

表4-13　土壤污染风险筛选值(基本项目)　单位：mg/kg

序号	污染物项目	风险筛选值			
		pH≤5.5	5.5<pH≤6.5	6.5<pH≤7.5	pH>7.5
1	镉	0.3	0.4	0.6	0.8
2	汞	0.5	0.5	0.6	1.0
3	砷	30	30	25	20
4	铅	80	100	140	240

续表 4-13

序号	污染物项目	风险筛选值			
		pH≤5.5	5.5<pH≤6.5	6.5<pH≤7.5	pH>7.5
5	铬	250	250	300	350
6	铜	50	50	100	100
7	镍	60	70	100	190
8	锌	200	200	250	300

表 4-14　底泥污染状况评估赋分标准

底泥污染指数	<1	1	2	3	5	>5
赋分	100	80	60	40	20	0

5. 水功能区达标率

评估达标水功能区个数占评估水功能区个数比例，水质达标率按全因子评估。评估标准与方法遵循《地表水资源质量评价技术规程》（SL 395—2007）相关规定。水功能区达标率赋分按照式（4-5）计算：

$$WFZ_r = WFZ_P \times 100 \quad (4\text{-}5)$$

式中：WFZ_r 为水功能区达标率指标赋分；WFZ_P 为水功能区达标率。

（四）生物指标

1. 大型无脊椎动物生物完整性指数

大型无脊椎动物生物完整性指数（BIBI）通过对比参照点和受损点大型无脊椎动物状况进行评估。参照点选择上峪水库上游的明光峪附近，受损点选择评估河流下游的西横河附近。评估参数主要考虑能够反映底栖动物群落组成、物种多样性和丰富性、耐污度（抗逆力）和营养结构组成及生境质量信息，入选的评估参数见表 4-15。

表 4-15　大型无脊椎动物生物完整性核心评估指标

类群	评估参数编号	评估参数
多样性和丰富性	1	总分类单元数
	2	蜉蝣目、毛翅目和襀翅目分类单元数
	3	蜉蝣目分类单元数
	4	襀翅目分类单元数
	5	毛翅目分类单元数
群落结构组成	6	蜉蝣目、毛翅目和襀翅目个体数百分比
	7	蜉蝣目个体数百分比
	8	摇蚊类个体数百分比

续表 4-15

类群	评估参数编号	评估参数
耐污能力	9	敏感类群分类单元数
	10	耐污类群个体数百分比
	11	Hisenhoff 生物指数
	12	优势类群个体数百分比
功能摄食类群与生活型	13	黏食者分类单元数
	14	黏食者个体数百分比
	15	滤食者个体数百分比
	16	刮食者个体数百分比

评估参数分值计算采用比值法来统一各入选参数的量纲。比值法计算方法如下：

(1)对于外界压力响应下降或减少的参数,以所有样点由高到低排序的5%的分位值作为最佳期望值,该类参数的分值等于参数实际值除以最佳期望值；

(2)对于外界压力响应增加或上升的参数,则以95%的分位值为最佳期望值,该类参数的分值等于(最大值-实际值)/(最大值-最佳期望值)。

将各评估参数的分值进行加和,得到 BIBI 指数值。以参照系样点 BIBI 值由高到低排序,选取25%分位值作为最佳期望值,BIBI 指数赋分 100。

按照选取的核心评估指标,对评估河底栖生物调查数据按照上述评估参数分值计算方法,计算 BIBI 指数监测值,根据评估河流所在水生态分区 BIBI 最佳期望值,按照式(4-6)计算 BIBI 指标赋分。

$$BIBI_r = (BIBI_O / BIBI_E) \times 100 \tag{4-6}$$

式中：$BIBI_r$ 为评估河流大型无脊椎动物完整性指标赋分；$BIBI_O$ 为评估河流大型无脊椎动物完整性指标监测值；$BIBI_E$ 为评估河流所在水生态分区大型无脊椎动物完整性指标最佳期望值。

2. 鱼类保有指数

鱼类保有指数评估鱼类种数现状与历史参照系鱼类种数的差异状况,调查鱼类种数不包括外来鱼种。按照式(4-7)计算鱼类保有指数,鱼类保有指数赋分见表 4-16。

$$FOE = FO/FE \tag{4-7}$$

式中：FOE 为鱼类保有指数；FO 为评估河流调查获得的鱼类种类数量；FE 为 20 世纪 80 年代以前评估河流的鱼类种类数量。

表 4-16　鱼类保有指数评估赋分标准

鱼类保有指数	100%	85%	75%	60%	50%	25%	0%
赋分	100	80	60	40	30	10	0

(五)社会服务功能指标

1. 公众满意度

评估公众对评估河流环境、水质水量、涉水景观、舒适性、美学价值等的满意程度,采用公众调查方法评估，调查表样见表4-17，公众满意度赋分取所有公众赋分的平均值。

表4-17　评估河流健康评估公众调查表样

姓名	（选填）	性别	男□　女□	年龄	15~30□ 30~50□ 50以上□
文化程度	大学以上□ 大学以下□	职业	自由职业者□　　国家工作人员□　　其他□		
住址	（选填）	联系电话	（选填）		

评估河流对个人生活的重要性		与评估河流的关系	评估河流居民（河岸以外1 km范围以内）		
很重要			非评估河流居民	评估河流管理者	
较重要				评估河流周边从事生产活动	
一般				旅游经常来	
不重要				旅游偶尔来	

评估河流状况评估

水量		水质		评估河流河岸带状况		
太少		清洁		树草状况	岸上的树草太少	
还可以		一般			岸上树草数量还可以	
太多		比较脏		垃圾堆放	无垃圾堆放	
不好判断		太脏			有垃圾堆放	

鱼类数量		大鱼		本地鱼类	
数量少很多		重量小很多		你所知道的本地鱼数量和名称	
数量少了一些		重量小了一些		以前有，现在完全没有了	
没有变化		没有变化		以前有，现在部分没有了	
数量多了		重量大了		没有变化	

适宜性状况

水景观	优美		与评估河流相关的历史及文化保护程度	历史古迹或文化名胜了解情况	不清楚	
	丑陋				知道一些	
近水难易程度	容易且安全				比较了解	
	难或不安全			历史古迹或文化名胜保护与开发情况	没有保护	
散步与娱乐休闲活动	适宜				有保护，但不对外开放	
	不适宜				有保护，也对外开放	

续表 4-17

对评估河流的满意程度调查			
总体评估赋分标准		不满意的原因是什么？	希望状况是什么样的？
很满意	100		
满意	80		
基本满意	60		
不满意	30		
很不满意	0		
总体评估赋分			

注：在合适的地方打"√"或填数。

2. 防洪指标

评估河流防洪达标情况按照式(4-8)计算已达到防洪标准的堤防长度占堤防总长度的比例。防洪指标评估赋分标准见表 4-18。

$$FLDE = RLA/RL \tag{4-8}$$

式中：FLDE 为防洪工程达标率；RLA 为达到防洪标准的堤防长度；RL 为堤防总长度。

表 4-18　防洪指标评估赋分标准

防洪指标	≥95%	≥90%	≥85%	≥70%	≥50%
赋分	100	75	50	25	0

3. 供水指标

采用综合供水保证率评估，根据式(4-9)计算评估河流所有供水工程的供水保证率，按照表 4-19 确定赋分值。

$$WS = \frac{\sum_{i=1}^{n}(w_i \times p_i)}{\sum_{i=1}^{n} w_i} \tag{4-9}$$

式中：WS 为综合供水保证率；w_i 为第 i 个供水工程的平均日供水量，m^3/d；p_i 为第 i 个供水工程的供水保证率；i 为供水工程的序号；n 为评估河流供水工程的总个数。

表 4-19　综合供水保证率评估赋分标准

综合供水保证率	98%	95%	85%	60%	50%	30%
赋分	100	80	60	40	20	0

三、评估数学模型

(一)模型构建思路

由于河流健康评估涉及指标体系复杂，同时本次构建的健康评估方法旨在综合全面地反映评估河流的健康状况,因此决定采用基于层次分析法的综合指标评价方法,逐级加权,综合评分,即河流健康指数。河流健康分为5级,即理想状况、健康、亚健康、不健康、病态,评分标准如表4-20所示。

表4-20　河流健康评估评分标准

等级	类型	颜色	赋分范围
1	理想状况	蓝	80~100
2	健康	绿	60~80
3	亚健康	黄	40~60
4	不健康	橙	20~40
5	病态	红	0~20

河流健康评估指标包括3种尺度:

(1)断面尺度指标:评估指标数据来自监测断面的取样监测。

(2)河段尺度指标:评估指标数据来自评估河段内的代表站位或评估河段整体情况。

(3)河流尺度指标:评估指标数据来自评估河流及其流域的调查和统计数据。

(二)指标权重确定

由于构建的河流健康评估指标体系中各个评价指标的重要程度并不相同,为确切反映各个评价指标对河流健康整体评估的重要程度,需用一定数值来定量描述各个指标重要性。层次分析法(analytic hierarchy process,AHP)是用于解决多目标决策问题的具有定性与定量相结合、系统性、层次化等特点的有效方法,它能将复杂系统中相互影响的多因素层次化,通过一定的数学方法,得出适应于具体决策问题的评价和方案,目前已经在风险分析、系统评估等领域有了多个运用实例。本次研究采用层次分析法计算评价指标的权重,具体步骤如下:

(1)分别构造准则层对目标层、指标层对准则层的判断矩阵。各因素之间的相对重要性通过两两比较,运用1~9比较标度法建立判断矩阵。构造的判断矩阵如下:

$$U = \begin{bmatrix} u_{11} & u_{12} & \cdots & u_{1n} \\ u_{21} & u_{22} & \cdots & u_{2n} \\ \vdots & \vdots & & \vdots \\ u_{n1} & u_{n2} & \cdots & u_{nn} \end{bmatrix}$$

(2)层次单排序及其一致性检验。每一层对上一层次中某因素的判断矩阵的最大特征值 λ_{max} 对应的归一化特征向量 $W=(w_1,w_2,\cdots,w_n)^T$ 的各个分量 w_j,就是本层次相应因素对上层次某因素的相对重要性的排序权重值,即相应指标的单排序权重。为检验判断矩阵一致性,还需计算出一致性指标C.I.和随机一致性比率C.R.,按式(4-10)、式(4-11)计算:

$$\text{C.I.} = \frac{\lambda_{max} - n}{n - 1} \tag{4-10}$$

$$C.R. = \frac{C.I.}{R.I.} \tag{4-11}$$

式中:R.I. 为平均随机一致性指标,通过表 4-21 可得。

表 4-21　R.I. 取值

n	1	2	3	4	5	6	7	8	9
R.I.	0	0	0.58	0.9	1.12	1.24	1.32	1.41	1.45

对于 1、2 阶的判断矩阵,C.R. 规定为 0,判断矩阵总具有完全一致性,对于 2 阶以上判断矩阵,当 C.R<0.1,认为判断矩阵具有满意的一致性,否则需对判断矩阵元素取值调整。

(3)层次总排序及其一致性检验。将最底层各因素的权重依次乘以上一层受控因素的相对权重,从而形成各因素对于总目标的绝对权重,绝对权重是指标层对于准则层的权重与准则层对于目标层的权重的累积值。层次总排序也需要进行一致性检验,C.I.、R.I. 和 C.R. 的计算公式如下:

$$C.I. = \sum_{i=1}^{n} B_i(C.I.)_i \tag{4-12}$$

$$R.I. = \sum_{i=1}^{n} B_i(R.I.)_i \tag{4-13}$$

$$C.R. = \frac{C.I.}{R.I.} \tag{4-14}$$

(三)健康指数赋分

1. 评估河段健康状况赋分

针对评估河段代表值,根据规定的评估方法与标准计算评估河段各评估指标赋分值。

采用式(4-15)计算评估河段健康状况赋分值。

$$HI_i = \sum_{n=1}^{N} (F_{i,n} \times W_n) \tag{4-15}$$

式中:HI_i 为第 i 个评估河段健康状况赋分值;W_n 为第 n 项评估指标权重;$F_{i,n}$ 为第 i 个评估河段第 n 项评估指标赋分值。

2. 河流健康状况赋分

(1)按照式(4-16)计算河流健康评估指标赋分值。

$$F_n = \sum_{i=1}^{I} (F_{i,n} \times AL_i/AL) \tag{4-16}$$

式中:F_n 为第 n 项评估指标赋分值;$F_{i,n}$ 为第 i 个评估河段第 n 项评估指标赋分值;AL_i 为第 i 个评估河段河流长度,km;AL 为评估时期河流总长度,km;I 为评估河段数量。

(2)按照式(4-17)计算河流健康准则层赋分值。

$$ZI = \sum_{m=1}^{M} (F_m \times W_m) \tag{4-17}$$

式中:ZI 为准则层赋分值;W_m 为准则层第 m 项评估指标权重;F_m 为第 m 项评估指标赋分值;M 为各准则层评估指标数量。

(3)按照式(4-18)计算河流健康状况赋分值。

$$HI = \sum_{n=1}^{N} (F_n \times W_n) \tag{4-18}$$

式中:HI 为河流健康状况赋分值;W_n 为第 n 项评估指标权重;F_n 为第 n 项评估指标赋分值;N 为河流健康评估指标总数量。

第三节　评估河流分段与监测

一、评估河段划分

根据泗河水文特征、河床及河滨带形态、地形地貌、水质状况、水生生物特征以及流域经济社会发展特征的相同性和差异性,沿河流纵向将泗河分为 4 个评估河段。其中,评估河段 1 从新泰市太平顶到泗河小黄沟大桥;评估河段 2 从泗河小黄沟大桥到红旗闸;评估河段 3 从红旗闸到日兰高速泗河特大桥;评估河段 4 从日兰高速泗河特大桥到入南阳湖口。

按照监测要求,河段深泓水深小于 5 m 采用河道水面宽度倍数法确定监测河段长度为 40 倍水面宽度;深泓水深大于或等于 5 m 的河流采用固定长度法,规定长度为 1 km。评估河段 1 在放城镇初中旁边设置监测河段,深泓水深为 0.5 m,水面宽度为 5 m,监测长度设置为 200 m;评估河段 2 在东曲寺村附近设置监测河段,深泓水深为 2.4 m,水面宽度为 50 m,监测长度设置为 2 km;评估河段 3 在书院桥到白陶铁路之间设置监测河段,深泓水深为 3 m,水面宽度为 210 m,监测长度设置为 8.4 km;评估河段 4 在马庄村旁边设置监测河段,深泓水深为 2 m,水面宽度为 75 m,监测长度设置为 3 km。评估河段分布如图 4-2 所示。

二、监测断面设置及指标调查范围

依据评估指标赋分要求,开展必要的监测。

(一)监测断面

评估河段的监测断面按照以下要求确定:以 4 倍河宽为间隔在监测河段范围设置 11 个监测断面,见图 4-3。监测点位所在断面编号为 X,自监测点 X 往上游的断面依次编号为 XU1、XU2、XU3、XU4、XU5,自监测点 X 往下游的断面依次编号为 XD1、XD2、XD3、XD4、XD5。

(二)指标调查范围

河流健康评估指标调查范围与取样监测位置见表 4-22。

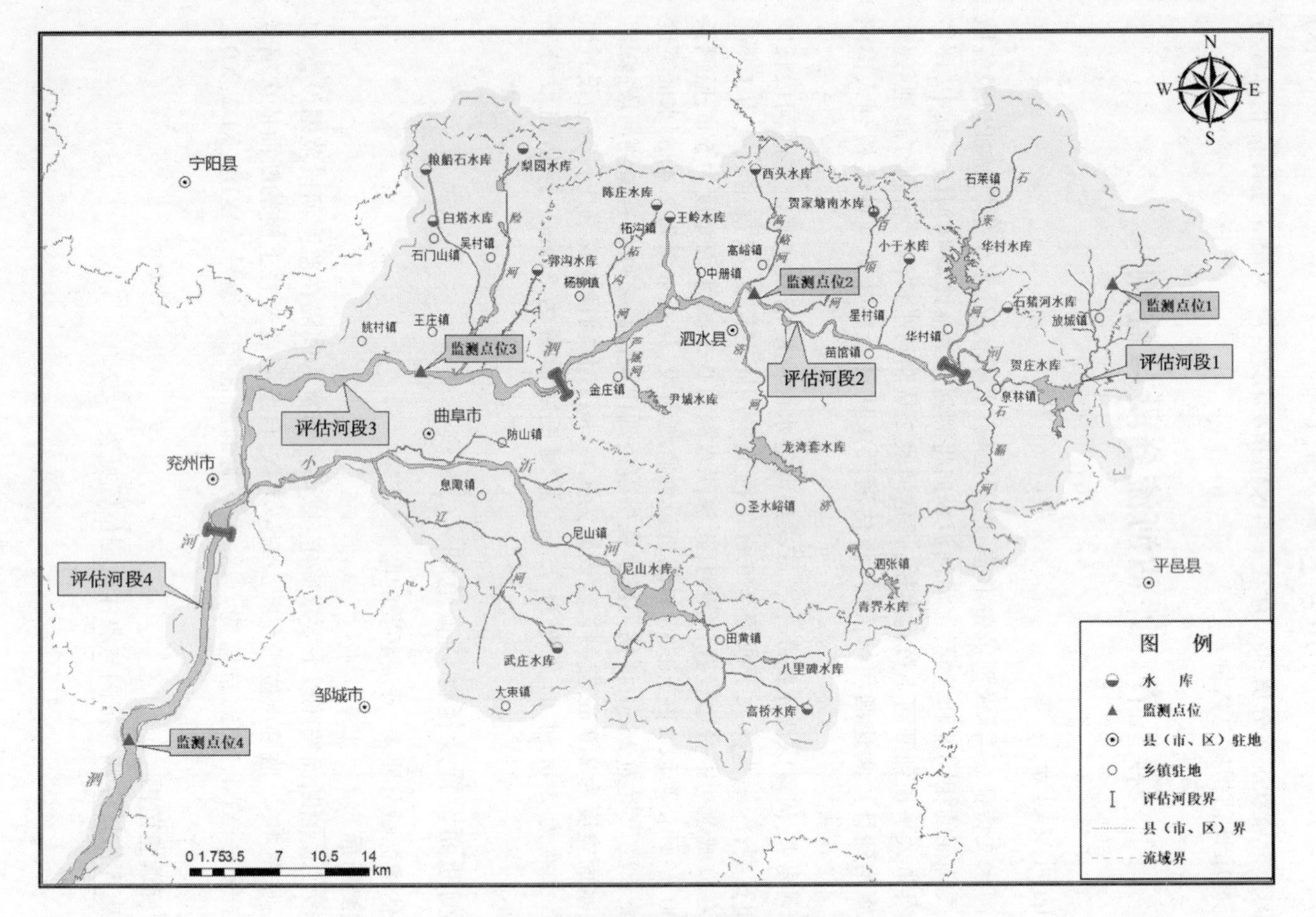

图 4-2　泗河评估河段与监测点位分布

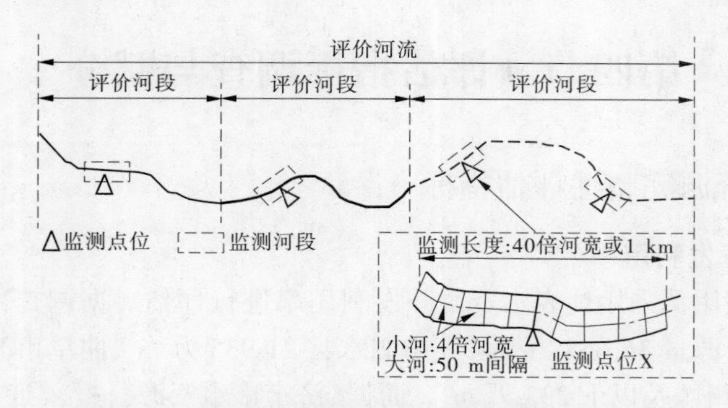

图 4-3　河流健康评估分段和监测点断面布置示意

表 4-22　河流健康评估指标调查范围与取样监测位置

目标层	准则层	河流指标	调查范围或取样监测位置
河流健康	水文水资源	水资源开发利用率	泗河流域
		流量过程变异程度	泗河
		生态用水满足程度	泗河
		水土流失治理程度	泗河流域
	物理结构	河岸带稳定性	监测断面左右岸样方区
		河岸带植被覆盖度	监测断面左右岸样方区
		河岸带人工干扰程度	监测断面左右岸样方区
		河流纵向连通性指数	评估河段
	水质	入河排污口布局合理程度	评估河段
		水体整洁程度	监测点位 1-4
		水质优劣程度	监测点位 1-4
		底泥污染状况	监测点位 1-4
		水功能区达标率	泗河
	生物	大型无脊椎动物生物完整性指数	监测断面水生生物取样区
		鱼类保有指数	监测断面水生生物取样区
	社会服务	公众满意度指标	泗河
		防洪指标	泗河
		供水指标	泗河

第四节　评估指标调查与赋分

一、水文水资源完整性评估指标

(一)水资源开发利用率

水资源开发利用率采用地表水资源开发利用率进行评估。据调查,济宁市泗河流域多年平均地表水资源量 36 668 万 m^3,其中泗水县 21 935 万 m^3、曲阜市 8 764 万 m^3、邹城市 5 736 万 m^3、兖州区及以下 233 万 m^3。而据《济宁市水资源公报》,近 10 年实际平均取用泗河地表水资源量为 10 721 万 m^3。由此可知,泗河流域地表水资源开发利用率为 29.2%。根据赋分标准,地表水资源开发利用率小于 40%,得 100 分。

(二)流量过程变异程度

1. 实测月径流量

采用书院水文站 1963—2013 年实测月平均流量计算历年逐月实测来水量,以多年月平均来水量作为现状年实测月径流量。

2. 天然月径流量

根据书院水文站实测月径流量,参考《泗河生态流量试点控制方案》相关成果,将实测来水量还原为书院水文站天然径流量。天然月径流量与实测月径流量计算结果见表 4-23。

表 4-23　书院水文站天然月径流量与实测月径流量计算结果　　单位:万 m^3

径流量	1月	2月	3月	4月	5月	6月	7月	8月	9月	10月	11月	12月
天然月径流量	1 209	957	680	617	602	1 019	7 790	8 577	4 169	1 636	1 255	1 324
实测月径流量	896	756	513	502	548	841	5 907	6 642	3 350	1 289	964	920

计算公式为

$$W_{天然} = W_{实测} + W_{农} \pm W_{引} + W_{蒸} \pm W_{蓄} + W_{工} + W_{渗} \tag{4-19}$$

式中:$W_{天然}$为还原后的天然径流量;$W_{实测}$为实测径流量;$W_{农}$为农业灌溉净耗水量;$W_{引}$为引跨流域引水量,分洪决口水量;$W_{蒸}$为蒸发失水量;$W_{蓄}$为蓄水工程的蓄水变量;$W_{工}$为工业和生活净耗水量;$W_{渗}$为渗漏量。

3. 赋分

根据上述天然月径流量、实测月径流量,计算可得流量过程变异程度 FD 为 1.2。按照指标赋分标准,FD 为 0.3 时赋分 50 分,FD 为 1.5 时赋分 25 分。由此插值可得泗河流量过程变异程度 FD 指标得分为 31.25 分。

(三)生态用水满足程度

根据泗河流域特点,采用书院水文站控制断面长系列实测多年平均流量和现状年实测月流量数据来计算生态用水满足程度指标。

1. 多年月平均流量

据 1963—2013 年长系列数据统计,泗河流域书院水文站多年平均径流量为 7.33 m^3/s。泗河流域书院水文站实测月平均和年平均流量成果见表 4-24。

表 4-24　泗河流域书院站实测月平均和年平均流量成果

单位：m^3/s

年份	1月	2月	3月	4月	5月	6月	7月	8月	9月	10月	11月	12月	年
1963	7.34	5.18	4.08	4.10	6.60	10.84	56.29	79.91	29.32	8.18	6.06	4.44	18.70
1964	4.60	5.30	3.55	25.01	10.81	11.06	72.49	70.40	81.45	18.13	8.75	7.38	26.70
1965	4.95	4.66	3.59	3.88	3.08	1.67	41.11	45.94	13.91	6.75	7.66	4.88	11.95
1966	5.37	3.03	5.18	2.56	2.76	3.15	25.82	15.29	5.74	3.08	2.76	2.87	6.53
1967	3.96	3.54	3.28	2.35	0.35	0.19	36.51	20.44	17.39	6.25	5.35	6.47	8.91
1968	5.31	3.81	2.64	2.66	1.46	1.60	3.49	6.90	5.77	4.36	3.69	4.05	3.81
1969	3.03	3.80	1.98	3.90	9.25	3.91	12.27	18.96	16.91	7.04	4.08	4.90	7.54
1970	9.10	3.19	2.06	1.47	1.29	0.95	67.89	68.90	17.55	8.59	6.35	4.03	16.16
1971	5.80	4.76	2.79	2.60	1.79	23.51	73.93	49.23	21.87	8.87	6.80	7.68	17.61
1972	5.87	8.21	6.19	2.34	1.44	0.70	7.43	4.61	20.12	5.84	4.69	4.24	5.94
1973	4.30	3.39	1.48	2.58	11.50	4.10	34.24	10.45	5.25	5.29	3.90	2.80	7.51
1974	3.30	2.74	1.76	0.94	0.56	0.55	41.16	80.75	10.60	8.83	7.06	6.38	13.91
1975	5.78	4.86	1.57	2.65	1.50	2.34	27.94	14.94	18.59	10.36	8.44	6.71	8.85
1976	5.94	4.33	3.09	1.95	1.32	1.38	8.87	14.51	3.12	2.07	3.10	2.85	4.40
1977	5.86	3.79	0.52	0.29	1.29	0.30	22.53	9.16	1.18	4.04	6.21	4.50	5.02
1978	4.01	4.00	1.27	0.18	0	1.37	32.83	7.37	3.86	1.39	1.60	2.41	5.07
1979	3.69	2.51	0.59	4.08	0.96	2.51	21.51	11.27	11.51	8.06	1.98	3.41	6.05
1980	3.39	3.07	1.54	2.60	1.82	11.45	38.45	22.34	17.17	7.90	4.79	5.61	10.08
1981	6.36	5.09	2.66	1.30	1.35	1.90	7.18	6.66	2.55	1.67	1.42	1.87	3.34
1982	2.06	1.56	1.03	0.44	0.03	0.20	0.51	5.40	1.27	1.23	1.24	1.45	1.37

续表 4-24

年份	1月	2月	3月	4月	5月	6月	7月	8月	9月	10月	11月	12月	年
1983	1.06	0.43	0.36	0.19	0.13	0	0	0.08	1.16	0.77	0.75	0.79	0.48
1984	1.07	1.27	0.14	0.18	2.39	16.45	19.06	14.22	9.00	8.13	5.77	5.92	7.01
1985	4.33	4.21	3.36	0.46	3.62	5.65	21.02	17.11	20.93	9.08	6.01	5.12	8.44
1986	5.41	4.29	2.78	1.78	1.99	3.73	5.26	30.55	4.24	3.49	4.74	3.70	6.04
1987	2.92	2.55	0.53	0.50	0.24	1.67	3.35	1.11	3.25	2.16	2.19	2.31	1.89
1988	1.08	1.32	0.18	0.05	0.09	0	2.39	0.46	0.34	0	0	0	0.49
1989	0	0	0	0	0	0	0	0	0	0	0	0	0
1990	0	0	0	0	0	3.23	19.14	54.83	8.69	1.82	4.61	4.68	8.19
1991	4.00	2.93	1.39	1.36	0.63	4.68	112.92	21.15	5.67	1.12	1.89	1.86	13.49
1992	2.13	1.12	1.72	0.56	0.24	0	0	0	0.56	0	0	0.16	0.54
1993	0.17	0.20	0.06	0	0.27	0.16	35.66	17.31	2.94	0.59	0.59	0.93	4.99
1994	1.29	1.27	1.52	0.38	0.36	2.19	5.48	1.57	5.03	1.01	0.53	0.58	1.77
1995	0.34	0.16	0.13	0.12	0.10	2.96	5.25	73.92	5.94	0.69	0.76	0.56	7.70
1996	0.56	0.39	0.23	0.41	0.16	0.21	2.75	13.88	4.09	2.67	2.42	0.73	2.40
1997	0.86	1.59	0.98	0.83	1.39	0.64	1.67	7.55	3.28	0.81	1.49	1.78	1.91
1998	1.37	1.50	1.57	1.21	2.57	1.06	3.13	126.11	8.37	4.30	4.52	4.05	13.51
1999	1.36	0.51	0.90	1.04	1.14	3.99	3.84	3.27	7.74	3.97	2.66	2.43	2.74
2000	2.06	1.77	0.86	0.19	0.06	0.11	1.24	0.68	1.07	1.18	1.42	1.22	0.98
2001	1.22	1.05	1.19	0.30	0.09	1.66	23.14	40.43	2.88	1.67	1.80	2.05	6.55
2002	2.23	1.73	0.91	0.89	1.70	2.12	0.92	0.27	0.37	0.21	0.04	0.28	0.97

续表 4-24

年份	1月	2月	3月	4月	5月	6月	7月	8月	9月	10月	11月	12月	年
2003	0.43	0.46	0.23	0.17	0.34	0.02	5.45	20.15	46.58	4.06	3.62	3.03	7.04
2004	3.43	3.15	2.01	1.28	1.61	4.67	15.76	40.48	30.01	11.38	6.40	5.21	10.51
2005	2.81	2.43	2.25	1.61	1.69	3.09	21.16	15.95	62.87	19.56	6.52	4.34	12.03
2006	3.25	4.28	3.22	2.63	1.59	0.91	6.26	21.34	9.89	1.76	2.30	2.43	5.01
2007	1.81	1.15	1.17	1.41	2.65	3.71	8.95	81.72	29.74	18.22	10.40	6.30	14.07
2008	15.52	30.28	5.93	2.83	4.37	2.77	31.45	12.69	6.95	3.51	3.24	2.69	10.09
2009	2.31	3.41	2.39	2.18	4.53	6.17	55.58	34.52	15.40	4.02	4.48	2.45	11.57
2010	1.30	0.97	1.77	1.78	0.62	1.17	22.46	26.50	17.29	3.37	3.57	3.65	7.10
2011	2.77	1.61	2.24	1.48	9.35	2.63	9.85	16.20	38.04	6.23	9.65	16.23	9.72
2012	3.56	2.43	6.58	5.10	1.07	5.35	30.55	3.93	0.89	0.82	0.58	0.34	5.15
2013	0.02	0.08	0.17	0.03	0.21	0.85	18.52	3.34	0.75	0.86	0.85	0.42	2.21
平均	3.35	3.12	1.91	1.94	2.05	3.25	22.05	24.80	12.92	4.81	3.72	3.43	7.33

2. 4—9 月及 10 月至翌年 3 月最小月均流量

据实测数据,2018 年 4—9 月最小月均流量及 2018 年 10 月至 2019 年 3 月最小月均流量分别为 3.29 m^3/s 和 1.53 m^3/s。

3. 赋分

2018 年 4—9 月最小月均流量占多年平均流量的百分比为 45%,按照赋分标准,4—9 月最小月均流量占比 40%赋分 80 分,占比大于或等于 50%赋分 100 分,由此插值可得 90 分。2018 年 10 月至 2019 年 3 月最小月均流量占多年平均流量的百分比为 21%,按照赋分标准,2018 年 10 月至 2019 年 3 月最小月均流量占比 20%赋分 80 分,占比大于或等于 30%赋分 100 分,由此插值可得 82 分。根据赋分规则,取二者的最低赋分为河流生态用水满足程度,因此生态用水满足程度得 82 分。

(四)水土流失治理程度

基于泗河流域水土分布特点,本次评估以泗水县、曲阜市两地整体情况为代表。

1. 水土流失治理面积

据《济宁市水土保持规划》,截至目前泗水、曲阜水土流失治理面积共 44 687.5 hm^2,其中泗水 31 984.6 hm^2、曲阜 12 702.9 hm^2。水土流失治理面积概况见表 4-25。

表 4-25 水土流失治理面积概况

单位:hm^2

行政区划	合计	基本农田	水土保持林		经济林	封禁治理
		梯田	桥木林	灌木林		
泗水	31 984.6	14 042	11 459.8	384.7	2 228.1	3 870
曲阜	12 702.9	4 868	2 650	256.1	4 178.5	750.3

2. 水土流失面积

目前,泗水县和曲阜市尚未治理的水土流失面积分别为 289.62 km^2 和 63.87km^2,合计 353.49 km^2。

3. 水土流失治理程度指标赋分

本次评估总水土流失面积采用的是未治理前的水土流失面积,经计算为 800.365 km^2,根据泗河流域水土流失治理面积占总水土流失面积的比例,由以上数据计算得水土流失治理程度为 55.8%,按照赋分标准,水土流失治理程度处于 50%~60%得分为 10 分。

二、物理结构完整性评估指标

(一)河岸带状况

1. 调查站点设置

根据泗河实际情况,在 4 个评估河段分别选调查站点,调查河岸带稳定性指标、河岸带植被覆盖度、河岸带人工干扰程度,评估河段 1 调查站点选择放城镇中学附近(监测点位 1),评估河段 2 调查站点选择东曲寺附近(监测点位 2),评估河段 3 调查站点选择书院水文站附近(监测点位 3),评估河段 4 调查站点选择马庄附近(监测点位 4),调查点分布见图 4-2。

2. 调查方法

1) 河岸稳定性

河岸稳定性指标根据河岸侵蚀现状(包括已经发生的或潜在发生的河岸侵蚀)评估。河岸稳定性评估要素包括斜坡倾角、植被覆盖率、斜坡高度、基质类别、河岸冲刷状况。斜坡倾角、斜坡高度通过测量人员用仪器、量尺进行水准测量、高度测量及计算,首先确定出多年平均水边点,然后量算斜坡倾角、斜坡高度等参数。基质类别、植被覆盖率和河岸冲刷状况通过实地调查,直接进行评判。

2) 河岸带植被覆盖度

样方大小 10 m×10 m,记录样方内植被覆盖率。植被覆盖率估算时去除硬性砌护,包括公路、水泥地等。

3) 河岸带人工干扰程度

重点调查评估在河岸带及其邻近陆域进行的 8 类人类活动,包括河岸硬质性砌护、沿岸建筑物(房屋)、公路(铁路)、垃圾填埋场或垃圾堆放、管道、农业耕种、畜牧养殖、打井等。根据调查现场情况直接评判赋分。

3. 调查结果

通过工作人员对评估河段监测点位的现场调研,对河岸带状况进行评估。

经实测,放城镇中学位于新泰市放城镇,监测点位斜坡倾角 25°,植被覆盖率 60%,斜坡高度 2 m,河岸带基本无冲刷痕迹;东曲寺村位于泗水县,监测点位斜坡倾角 36°,植被覆盖率 50%,斜坡高度 2.5 m,河岸带轻度冲刷;书院水文站位于曲阜市,监测点位斜坡倾角 35°,植被覆盖率 45%,斜坡高度 2.5 m,河岸带轻度冲刷;马庄位于微山县,监测点位斜坡倾角 37°,植被覆盖率 40%,斜坡高 3 m,河岸带轻度冲刷,见表 4-26。

表 4-26　监测点位河岸带监测结果

监测内容	监测项目	监测情况			
		放城镇中学断面	东曲寺村断面	书院水文站断面	马庄村断面
岸坡稳定性	斜坡倾角/(°)	25	36	35	37
	植被覆盖率/%	60	50	45	40
	斜坡高度/m	2	2.5	2.5	3
	基质	岩土	黏土	黏土	黏土
	河岸冲刷状况	无冲刷迹象	轻度冲刷	轻度冲刷	轻度冲刷
植被覆盖度	植被覆盖率	重度覆盖	重度覆盖	重度覆盖	中度覆盖
人工干扰程度	沿岸建筑物	河岸带		河岸带	河岸带
	公路	河岸带	河岸带	河岸带	河岸带
	农业耕种		河岸带	河岸带	河岸带
	硬质性砌护				河岸带

4. 评估河段赋分

按照赋分标准,放城镇中学、东曲寺村、书院水文站和马庄监测点岸坡稳定性得分分别为 81.7 分、56 分、54.67 分和 46.33 分,植被覆盖度得分分别为 75 分、75 分、75 分和 50

分，人工干扰程度得分分别为 80 分、75 分、65 分和 70 分。具体指标得分见表 4-27。

表 4-27　各调查点位河岸带指标得分

指标	调查项目	放城镇中学		东曲寺村		书院站		马庄	
		单项	总分	单项	总分	单项	总分	单项	总分
岸坡稳定性	斜坡倾角/(°)	83.3	81.7	55	56	58.33	54.67	51.67	46.33
	植被覆盖率/%	85		75		65		55	
	斜坡高度/m	75		50		50		25	
	基质	75		25		25		25	
	河岸冲刷状况	90		75		75		75	
植被覆盖度	植被覆盖率	75	75	75	75	75	75	50	50
人工干扰程度	农业耕种		80	−15	75	−15	65	−15	70
	公路	−10		−10		−10		−10	
	硬质性砌护							−5	
	沿岸建筑物	−10				−10			

5. 河流得分

根据式(4-16)，泗河整体岸坡稳定性得分为 57.89 分，植被覆盖度得分为 68.71 分，人工干扰度得分为 71.89 分。

(二)河流连通状况

河流连通状况根据评分规则先按评估河段进行评估，再按河流进行评估。

1. 分河段闸坝分布情况

评估河段 1 长 29 km，无闸坝。评估河段 2 长 46 km，包括黄阴集闸、泗水大闸、红旗闸等 3 个闸。评估河段 3 长 44 km，包括书院橡胶坝、陈寨坝、龙湾店闸、滋阳橡胶坝、金口坝、城东橡胶坝等 6 个闸坝，评估河段 4 长 40 km，包括城南橡胶坝。

2. 闸坝设置鱼道情况

根据现场调研，未设置过鱼设施的闸坝有龙湾店闸。

3. 评估河段连通状况赋分

经计算，评估河段 1、评估河段 2 和评估河段 4 纵向连通性指数为 0，按照赋分标准，连通状况得分为 100 分。评估河段 3 纵向连通性指数为 2.3，按照赋分标准，纵向连通性指数≥1.2 赋分 0 分，因此连通状况得分为 0 分。

4. 河流连通状况赋分

根据式(4-16)计算，按照赋分标准，河流整体连通状况得分为 72.3 分。

三、水质完整性评估指标

(一)入河排污口布局合理程度

1. 入河排污口分布情况

经调查并参考《第一次水利普查》入河排污口资料，将主要排污口资料数据整理如表 4-28 所示。

表 4-28　泗河流域入河排污口汇总

序号	排污口名称	东经	北纬	排污口位置	水功能二级区名称	入河排污方式
1	微山湖矿业集团泗河煤矿排污口	116°41′27.4″	35°14′24.6″	微山县鲁桥镇仲浅村北 200 m		明渠
2	山东华金集团有限公司排污口	117°09′07.6″	35°39′16.9″	泗水县金庄镇官园桥下 1 000 m	泗河泗水县排污控制区	涵闸
3	泗水县污水处理厂排污口	117°14′43.0″	35°40′12.0″	泗水县东涧沟村南 1 500 m	泗河泗水县排污控制区	明渠
4	单家村煤矿排污口	116°51′34.1″	35°35′21.5″	曲阜市时庄街道办事处张庄村北侧	泗河曲阜兖州段农业用水区	明渠
5	曲阜圣城热电厂排污口	116°55′44.1″	35°35′58.4″	曲阜市校场路西首	泗河曲阜兖州段农业用水区	暗管
6	曲阜市后王排污口	117°02′20.0″	35°39′15.0″	曲阜市王庄镇后王村	泗河曲阜兖州段农业用水区	明渠
7	曲阜市天利排污口	116°57′00.0″	35°38′00.0″	曲阜市姚家村孔家村	泗河曲阜兖州段农业用水区	管道
8	曲阜市污水处理厂排污口	116°57′15.0″	35°34′20.0″	曲阜市春秋西 118 号	泗河曲阜兖州段农业用水区	管道
9	山东东山矿业有限公司古城煤矿排污口	116°50′41.5″	35°34′48.5″	兖州区酒仙桥办事处古城村田家村大桥北	泗河曲阜兖州段农业用水区	泵站
10	太阳纸业中水资源泗河排污口	116°50′59.7″	35°36′51.6″	兖州区大安镇龙湾店大闸南 50 m	泗河曲阜兖州段农业用水区	暗管
11	兴隆庄镇太阳纸业兴隆分厂排污口	116°50′29.9″	35°32′31.7″	兖州区兴隆庄镇前李村北铁路大桥南	泗河曲阜兖州段农业用水区	暗管
12	兖州区污水处理厂泗河排污口	116°49′33.6″	35°31′04.6″	兖州区兴隆庄镇晾衣井村汶邹公路泗河桥南	泗河曲阜兖州段农业用水区	暗管

2. 评估河段赋分

评估河段1饮用水源一、二级保护区均无入河排污口；取水口上游1 km无排污口；排污形成的污水带（混合区）长度小于1 km，按照赋分标准得分50分。

评估河段2饮用水源一、二级保护区均无入河排污口；取水口上游1 km无排污口；排污形成的污水带（混合区）宽度小于1/4河宽，按照赋分标准得分55分。

评估河段3饮用水源一、二级保护区均无入河排污口；取水口上游1 km无排污口；排污形成的污水带（混合区）宽度小于1/4河宽，按照赋分标准得分60分。

评估河段4饮用水源一、二级保护区均无入河排污口；取水口上游1 km无排污口；排污形成的污水带（混合区）长度小于1 km，按照赋分标准得分56分。

3. 入河排污口布局赋分

根据式(4-16)计算，按照赋分标准，泗河入河排污口布局合理程度得分为55.72分。

（二）水体整洁程度

根据评估要求，在评估河段的每个监测点位分别调查水体整洁程度，根据泗河水域感官状况评估，在臭和味、漂浮废弃物中最差状况确定最终得分。评估河段1在放城镇中学监测点位进行调研，评估河段2在东曲寺村监测点位进行调研，评估河段3在书院水文站监测点位进行调研，评估河段4在马庄监测点位进行调研。

1. 现场调查水体整洁程度情况

根据现场调查情况，4个监测点位均无任何异味和漂浮废弃物。

2. 指标赋分

按照赋分标准，无任何异味、无漂浮废弃物赋分80~100分，通过对比对4处监测点位打分，评估河段1得分95分，评估河段2得分80分，评估河段3得分90分，评估河段4得分85分。根据式(4-16)计算泗河整体水体整洁程度得分为86.76分。

（三）水质优劣程度

1. 监测方案

按照要求，水质优劣程度按月水质监测成果确定，评估时期为2019年1—12月，主要监测项目包括水温、pH、溶解氧、高锰酸盐指数、化学需氧量、五日生化需氧量、氨氮、总磷、总氮。主要监测点包括放城镇中学、东曲寺村、书院水文站、马庄。水质监测采用《地表水环境质量标准》(GB 3838—2002)，地表水环境质量标准基本项目标准限值见表4-29。

表4-29 地表水环境质量标准基本项目标准限值 单位：mg/L

序号	项目		Ⅰ类	Ⅱ类	Ⅲ类	Ⅳ类	Ⅴ类
1	水温/℃		人为造成的环境水温变化应限制在：周平均最大温升≤1，周平均最大温降≤2				
2	pH		6~9				
3	溶解氧	≥	7.5	6	5	3	2
4	高锰酸盐指数	≤	2	4	6	10	15
5	化学需氧量	≥	15	15	20	30	40

续表 4-29

序号			Ⅰ类	Ⅱ类	Ⅲ类	Ⅳ类	Ⅴ类
6	五日生化需氧量	≤	3	3	4	6	10
7	氨氮	≤	0.15	0.5	1	1.5	2
8	总磷	≤	0.02	0.1	0.2	0.3	0.4
9	总氮	≤	0.2	0.5	1.0	1.5	2.0

2. 监测结果

根据监测方案，对放城镇中学、东曲寺村、书院水文站、马庄4个监测点位9个指标按月份进行监测，根据监测的月平均数据判定放城镇中学和东曲寺村水质类别为Ⅲ类水，书院站和马庄水质类别为Ⅳ类。监测指标成果见表4-30。

表 4-30　监测指标成果

单位：mg/L

序号	指标	放城镇中学	东曲寺村	书院水文站	马庄
1	溶解氧	5.5	5.3	3.2	3.1
2	高锰酸盐指数	5.2	5.8	7.1	8.2
3	化学需氧量	25	27	32	30
4	五日生化需氧量	3.4	3.6	5.6	5.8
5	氨氮	0.76	0.78	1.2	1.3
6	总磷	0.12	0.14	0.25	0.27
7	总氮	0.68	0.72	1.33	1.35
水质类别		Ⅲ	Ⅲ	Ⅳ	Ⅳ

3. 指标赋分

根据《地表水环境质量标准》(GB 3838—2002)，以监测点位代表河长来计算水质类别比例，其中Ⅰ~Ⅲ类水质比例为Ⅰ类、Ⅱ类、Ⅲ类水质比例之和。经计算，泗河Ⅲ类水质比例为47%，Ⅳ类水质比例为53%。按照赋分标准，Ⅰ~Ⅲ类水质比例<75%且劣Ⅴ类比例<20%，赋分60分。泗河Ⅰ~Ⅲ类水质比例为47%，无劣Ⅴ类水，因此泗河水质优劣程度得分为60分。

(四)底泥污染状况

底泥污染状况分河段进行评估，采样点包括放城镇中学、东曲寺村、书院水文站、马庄，取样时间为2019年7月。

1. 底泥检测情况

根据取回来的样本检测，将底泥中每一项污染物浓度与对应的标准值相除得出底泥污染指数，评估采用“一票否决法”，具体指标检测情况如表4-31所示。

表 4-31 污染物浓度检测成果 单位:mg/kg

序号	污染物项目	风险筛选值(6.5<pH≤7.5)	放城镇中学		东曲寺村		书院水文站		马庄	
			污染物浓度	底泥污染指数	污染物浓度	底泥污染指数	污染物浓度	底泥污染指数	污染物浓度	底泥污染指数
1	镉	0.6	0.56	0.9	0.54	0.9	0.43	0.72	0.49	0.82
2	汞	0.6	0.63	1.05	0.66	1.1	0.72	1.2	0.75	1.25
3	砷	25	23	0.92	21	0.84	22	0.88	19	0.76
4	铅	140	110	0.79	122	0.87	126	0.9	118	0.84
5	铬	300	280	0.93	276	0.92	285	0.95	269	0.9
6	铜	100	80	0.8	115	1.15	76	0.76	67	0.67
7	镍	100	76	0.76	79	0.79	83	0.83	74	0.74
8	锌	250	230	0.92	224	0.9	234	0.94	265	1.06
最高底泥污染指数			1.05		1.15		1.2		1.25	

2. 底泥污染状况赋分

由污染物浓度检测成果可知,评估河段1、评估河段2、评估河段3和评估河段4最高底泥污染指数分别为1.05、1.15、1.2、1.25。按照赋分标准,底泥污染指数为1,赋分80分;底泥污染指数为2,赋分60分,由此插值可得评估河段1、评估河段2、评估河段3和评估河段4底泥污染得分分别为79分、77分、76分和75分。据式(4-16)计算泗河底泥污染状况得分为76.58分。

(五)水功能区水质达标率

1. 水功能区划分情况

根据《山东省水功能区划》及《济宁市水功能区划》,济宁市泗河流域共划分水功能一级区5个。在开发利用区中共划分水功能二级区34个。水功能一级区、二级区基本情况见表3-7、表3-8。

2. 水功能区达标情况

根据2018年12月泗河水质断面的实测资料,对济宁市泗河流域水功能区水质进行达标评价。2018年济宁市泗河流域监测的10个重要水功能区中,达标的功能区有10个。水功能区达标概况见表4-32。

3. 水功能区达标率赋分

经计算,水功能区达标率为100%,按照赋分标准得分100分。

表 4-32　水功能区达标概况

水功能区名称	水质目标	水质现状	是否达标
泗河上游段饮用水源区	Ⅲ	Ⅲ	达标
泗河泗水排污控制区	Ⅳ	Ⅱ	达标
泗河曲阜农业用水区	Ⅳ	Ⅱ	达标
泗河兖州农业用水区	Ⅳ	Ⅱ	达标
泗河任城渔业用水区	Ⅲ	Ⅱ	达标
尹城水库泗水工业用水区	Ⅲ	Ⅲ	达标
贺庄水库泗水渔业用水区	Ⅲ	Ⅲ	达标
华村水库泗水渔业用水区	Ⅲ	Ⅲ	达标
龙湾套水库泗水饮用水源区	Ⅲ	Ⅲ	达标
尼山水库曲阜饮用水源区	Ⅲ	Ⅲ	达标

四、生物完整性评估指标

(一)大型无脊椎动物生物完整性指数

1. 种群组成

本次调查采得的底栖动物隶属于环节动物门的有 8 种、隶属于软体动物门的有 36 种、隶属于节肢动物门甲壳纲的有 9 种和昆虫纲的有 21 种。泗河底栖动物名录见表 4-33。

表 4-33　泗河底栖动物名录

门	纲	种
环节动物门	寡毛纲	尾鳃蚓
		参差仙女虫
	多毛纲	日本沙蚕
	蛭纲	宽身舌蛭
		蚌蛙蛭
		裸蛙蛭
		宽体金线蛭
		巴蛭

续表 4-33

门	纲	种
软体动物门	腹足纲	中华圆田螺
		中国圆田螺
		梨形环棱螺
		双旋环棱螺
		硬环棱螺
		长角涵螺
		槲豆螺
		纹沼螺
		大沼螺
		光滑狭口螺
		方格短沟螺
		耳萝卜螺
		狭萝卜螺
		折叠萝卜螺
		尖萝卜螺
		椭圆萝卜螺
		白旋螺
		凸旋螺
		尖口圆扁螺
		半球多脉扁螺
	瓣鳃纲	淡水河蚌
		圆顶珠蚌
		中国尖脊蚌
		圆头楔蚌
		三角帆蚌
		剑状矛蚌
		短褶矛蚌
		射线裂脊蚌
		背瘤丽蚌
		背角无齿蚌
		蚶形无齿蚌
		褶纹冠蚌
		河蚬
		刻纹蚬
		湖球蚬
		截状豌豆蚬

续表 4-33

门	纲	种
节肢动物门	甲壳纲	浪漂水虱
		钩虾
		中华米虾
		细足米虾
		秀丽白虾
		中华小臂虾
		日本沼虾
		克氏螯虾
		中华绒螯蟹
	昆虫纲	吻科
		箭蜓科
		蜓科
		晴科
		伪蜓科
		细蜉科
		松藻虫科
		蝎蝽科
		田淬鳖科
		龙虱科
		沼梭科
		石蚕科
		蠓科
		摇蚊科
		细长摇蚊
		异腹鳃摇蚊
		内摇蚊
		梯形多足摇蚊
		灰跗多足摇蚊
		羽摇蚊群
		水蝇科

2. 密度与生物量

5 月底栖动物的密度为 826.86 个/m^2,生物量为 104.42 g/m^2;9 月的密度为 1 036.32 个/m^2,生物量为 80.89 g/m^2。年平均密度为 931.59 个/m^2,总生物量为 92.655 g/m^2,其中软体动物的生物量最高,为 84.90 g/m^2,约占总生物量的 91.64%;昆虫生物量次之,为 3.61 g/m^2,占 3.89%;甲壳动物又次之,为 3.23 g/m^2,占 3.47%。

3. 指标赋分

经计算,$BIBI_r$ 为 67,按照赋分标准得分 67 分。

(二)鱼类保有指数

1. 20 世纪 80 年代鱼类数

根据相关资料,泗河 20 世纪 80 年代统计鱼类 45 种。其中,鲤科鱼类 25 种,占总种数的 55.5%;其余是鳅科,有 4 种;银鱼科、鲅虎鱼科和鲐科各 2 种;鲵科、鳗鲡科、鲶科、鲻科、针鱼科、合鳃科、塘鳢科、攀鲈科、鳢科及刺鳅科各 1 种。

2. 现状年鱼类数

根据实际监测调查结果,泗河共监测到鱼类 32 种,隶属 6 目 11 科 29 属,其中鲤科 20 种,刺鳅科、鳢科、斗鱼科、合鳃科、鲇科、塘鳢科、鲑科、青鳉科、银鱼科各 1 种,鳅科 3 种。

3. 指标赋分

经计算,鱼类保有指数 71%,按照赋分标准得分 53.34 分。

五、社会服务功能完整性评估指标

(一)公众满意度

1. 调查开展情况

采用公众调查的方法,将制作好的调查表沿泗河总共发放 100 份,其中有泗河管理者和泗河周边从事生产活动者,调查年龄集中在 30~50 岁。

2. 公众满意度情况

根据回收的调查表进行数据整理,其中认为泗河对个人生活很重要的有 67 人,较重要的有 33 人;觉得水量太少的有 17 人,还可以的有 83 人;觉得水质一般的有 70 人,清洁的有 30 人;觉得岸上的树草数量太少的有 29 人,还可以的有 71 人;觉得无垃圾堆放的有 97 人,觉得有垃圾堆放的有 3 人;觉得鱼大、数量多的有 18 人,鱼小、数量少的有 56 人,觉得没有变化的有 26 人;觉得景观优美、适宜散步与休闲娱乐活动的有 100 人。不满意的地方主要是缺乏治理开发,存在乱捕鱼现象,希望有专人管理,把河道清理干净,水能更清一些,环境更优美一些。

3. 指标赋分

根据调查群众赋分情况,赋分 60 分的有 26 人,赋分 80 分的有 26 人,赋分 100 分的有 48 人,取平均值综合得分为 84.4 分。

(二)防洪指标

1. 堤防分布情况

根据《第一次全国水利普查山东省堤防工程数据资料汇编》,泗河流域主要堤防工程共 857.923 km,其中微山县 344.760 km、泗水县 18.571 km、曲阜市 88.142 km、兖州区

212.100 km、邹城市194.350 km。

2.堤防防洪达标情况

主要堤防工程中的达标长度为609.402 km，其中微山县234.880 km、泗水县18.221 km、曲阜市80.142 km、兖州区200.760 km、邹城市75.399 km，见表4-34。

表4-34　泗河流域主要堤防工程　单位:km

行政区划	合计	微山县	泗水县	曲阜市	兖州区	邹城市
堤防长度	857.923	344.760	18.571	88.142	212.100	194.350
达标长度	609.402	234.880	18.221	80.142	200.760	75.399

3.指标赋分情况

泗河防洪达标情况按照式(4-8)，计算已达到防洪标准的堤防长度占堤防总长度的比例为71%。按照赋分标准，防洪指标≥70%，赋分25分；防洪指标≥85%，得分50分。因此，泗河防洪指标得分26.7分。

(三)供水指标

1.供水工程及用户情况

泗河的供水工程包括贺庄水库、华村水库、黄阴集闸、龙湾套水库、泗水大闸、东阳橡胶坝、尹城水库、红旗闸、书院橡胶坝、陈寨坝、龙湾店闸、滋阳橡胶坝、金口坝、尼山水库、城东橡胶坝、城南橡胶坝。供水工程供水量与供水保证率见表4-35。

表4-35　供水工程供水量与供水保证率

名称	日供水量/万 m^3				保证率/%
	生态	城市	农灌	小计	
贺庄水库	1.27	0	3.13	4.40	95
华村水库	0.90	0	3.59	4.49	85
黄阴集闸	0.68	0	0.55	1.23	80
龙湾套水库	1.04	3.14	1.25	5.43	90
泗水大闸	0.15	0	1.16	1.31	80
东阳橡胶坝	0.01	0	0.64	0.65	75
尹城水库	0.25	0.69	0.22	1.16	85
红旗闸	0.26	0	0.57	0.83	90
书院橡胶坝	1.01	0	0.82	1.83	80
陈寨坝	0.18	0	0.75	0.93	85
龙湾店闸	0.18	0	0	0.18	90
滋阳橡胶坝	0.43	1.00	0	1.43	80
金口坝	1.87	0.45	0	2.32	75
尼山水库	0.97	0	5.33	6.30	95
城东橡胶坝	0.97	0	0	0.97	85
城南橡胶坝	0.97	0	0	0.97	80

2. 指标赋分

采用综合供水保证率评估，根据式(4-9)计算泗河所有供水工程的综合供水保证率为87%。按照赋分标准，综合供水保证率为85%赋分60分，综合供水保证率为95%赋分80分，由此插值可知泗河供水指标得分64分。

第五节　评估结果及分析

一、指标权重计算

(一)层次单排序及一致性检验

1. 构造目标层判断矩阵

首先构造泗河健康评估目标层判断矩阵，见表4-36。

表4-36　目标层判断矩阵

A—*B*	水文水资源	水质	物理结构	生物	社会服务功能
水文水资源	1	2	3	3	4
水质	1/2	1	2	2	3
物理结构	1/3	1/2	1	1	2
生物	1/3	1/2	1	1	2
社会服务功能	1/4	1/3	1/2	1/2	1

用MATLAB可计算出*A*—*B*矩阵的特征值$\lambda_{max}=5.0331$，对应的特征向量为

$$\boldsymbol{w}=(0.7817\quad 0.4740\quad 0.2652\quad 0.2652\quad 0.1534)^T$$

归一化后为$\boldsymbol{w}_A=(0.4031\quad 0.2444\quad 0.1367\quad 0.1367\quad 0.0791)^T$

下面对其进行一致性检验。因为$n=5$，由表4-21可查出R.I.=1.12，故有

$$\text{C.I.}=\frac{\lambda_{max}-n}{n-1}=\frac{5.0331-5}{4}=0.0083$$

$$\text{C.R.}=\frac{\text{C.I.}}{\text{R.I.}}=\frac{0.0083}{1.12}=0.0074<0.10$$

因此，所构造的判断矩阵一致性较好，说明权重分配合理。

2. 构造水文水资源准则层判断矩阵

水文水资源准则层判断矩阵见表4-37。

表 4-37　水文水资源准则层判断矩阵

B_1—C_1	生态用水满足程度	水资源开发利用率	流量过程变异程度	水土流失治理程度
生态用水满足程度	1	2	2	3
水资源开发利用率	1/2	1	1	2
流量过程变异程度	1/2	1	1	2
水土流失治理程度	1/3	1/2	1/2	1

用 MATLAB 可计算出 A—B 矩阵的特征值 $\lambda_{max}=4.010\,4$,对应的特征向量为

$$w=(0.776\,6\quad 0.416\,3\quad 0.416\,3\quad 0.224\,3)^{T}$$

归一化后为 $w_A=(0.423\,5\quad 0.227\,1\quad 0.227\,1\quad 0.122\,3)^{T}$

下面对其进行一致性检验。因为 $n=4$,由表 4-21 可查出 R. I. =0.9,故有

$$C.I.=\frac{\lambda_{max}-n}{n-1}=\frac{4.010\,4-4}{3}=0.003\,5$$

$$C.R.=\frac{C.I.}{R.I.}=\frac{0.003\,5}{0.9}=0.003\,9<0.10$$

因此,所构造的判断矩阵一致性较好,说明权重分配合理。

3. 构造物理结构准则层判断矩阵

物理结构准则层判断矩阵见表 4-38。

表 4-38　物理结构准则层判断矩阵

B_2—C_2	河岸带稳定性	河岸带植被覆盖度	河岸带人工干扰程度	河流纵向连通性指数
河岸带稳定性	1	1	2	2
河岸带植被覆盖度	1	1	2	2
河岸带人工干扰程度	1/2	1/2	1	2
河流纵向连通性指数	1/2	1/2	1/2	1

用 MATLAB 可计算出 A—B 矩阵的特征值 $\lambda_{max}=4.060\,6$,对应的特征向量为

$$w=(0.626\,6\quad 0.626\,6\quad 0.379\,0\quad 0.266\,6)^{T}$$

归一化后为 $w_A=(0.330\,0\quad 0.330\,0\quad 0.199\,6\quad 0.140\,4)^{T}$

下面对其进行一致性检验。因为 $n=4$,由表 4-21 可查出 R. I. =0.9,故有

$$C.I.=\frac{\lambda_{max}-n}{n-1}=\frac{4.060\,6-4}{3}=0.020\,2$$

$$C.R.=\frac{C.I.}{R.I.}=\frac{0.020\,2}{0.9}=0.022\,4<0.10$$

因此,所构造的判断矩阵一致性较好,说明权重分配合理。

4. 构造水质准则层判断矩阵

水质准则层判断矩阵见表 4-39。

表 4-39　水质准则层判断矩阵

B_3—C_3	水质优劣程度	水功能区达标率	底泥污染状况	水体整洁程度	入河排污口布局合理程度
水质优劣程度	1	2	2	3	3
水功能区达标率	1/2	1	1	2	2
底泥污染状况	1/2	1	1	2	2
水体整洁程度	1/3	1/2	1/2	1	1
入河排污口布局合理程度	1/3	1/2	1/2	1	1

用 MATLAB 可计算出 A—B 矩阵的特征值 $\lambda_{max}=5.0133$,对应的特征向量为

$$\boldsymbol{w}=(0.7452\quad 0.4166\quad 0.4166\quad 0.2207\quad 0.2207)^{T}$$

归一化后为 $\boldsymbol{w}_A=(0.3688\quad 0.2063\quad 0.2063\quad 0.1093\quad 0.1093)^{T}$

下面对其进行一致性检验。因为 $n=5$,由表 4-21 可查出 R. I. =1. 12,故有

$$\text{C. I.}=\frac{\lambda_{max}-n}{n-1}=\frac{5.0133-5}{4}=0.0033$$

$$\text{C. R.}=\frac{\text{C. I.}}{\text{R. I.}}=\frac{0.0033}{1.12}=0.0030<0.10$$

因此,所构造的判断矩阵一致性较好,说明权重分配合理。

5. 构造生物准则层判断矩阵

生物准则层判断矩阵见表 4-40。

表 4-40　生物准则层判断矩阵

B_4—C_4	鱼类保有指数	大型无脊椎动物生物完整性指数
鱼类保有指数	1	2
大型无脊椎动物生物完整性指数	1/2	1

用 MATLAB 可计算出 A—B 矩阵的特征值 $\lambda_{max}=2$,对应的特征向量为

$$\boldsymbol{w}=(0.8944\quad 0.4472)^{T}$$

归一化后为 $\boldsymbol{w}_A=(0.6667\quad 0.3333)^{T}$

下面对其进行一致性检验。因为 $n=2$,由表 4-21 可查出 R. I. =0,故有

$$\text{C. I.}=\frac{\lambda_{max}-n}{n-1}=\frac{2-2}{1}=0$$

$$\text{C. R.}=\frac{\text{C. I.}}{\text{R. I.}}=0<0.10$$

因此,所构造的判断矩阵一致性较好,说明权重分配合理。

6. 构造社会服务功能准则层判断矩阵

社会服务功能准则层判断矩阵见表 4-41。

表 4-41　社会服务功能准则层判断矩阵

B_5—C_5	供水指标	防洪指标	公众满意度
供水指标	1	2	3
防洪指标	1/2	1	2
公众满意度	1/3	1/2	1

用 MATLAB 可计算出 A—B 矩阵的特征值 $\lambda_{max}=3.0092$，对应的特征向量为

$$\boldsymbol{w}=(0.8468\quad 0.4660\quad 0.2565)^{T}$$

归一化后为 $\boldsymbol{w}_A=(0.5396\quad 0.2969\quad 0.1635)^{T}$

下面对其进行一致性检验。因为 $n=3$，由表 4-21 可查出 R. I. = 0.58，故有

$$\text{C. I.}=\frac{\lambda_{max}-n}{n-1}=\frac{3.0092-3}{2}=0.0046$$

$$\text{C. R.}=\frac{\text{C. I.}}{\text{R. I.}}=\frac{0.0046}{0.58}=0.0079<0.10$$

因此，所构造的判断矩阵一致性较好，说明权重分配合理。

7. 构造判断矩阵

判断矩阵计算结果整理见表 4-42。

表 4-42　判断矩阵计算结果

矩阵	归一化后的向量	λ_{max}	C. R.
A—B	$(0.4031\quad 0.2444\quad 0.1367\quad 0.1367\quad 0.0791)^{T}$	5.033 1	0.015 2<0.10
B_1—C_1	$(0.4235\quad 0.2271\quad 0.2271\quad 0.1223)^{T}$	4.010 4	0.003 9<0.10
B_2—C_2	$(0.3300\quad 0.3300\quad 0.1996\quad 0.1404)^{T}$	4.060 6	0.022 4<0.10
B_3—C_3	$(0.3688\quad 0.2063\quad 0.2063\quad 0.1093\quad 0.1093)^{T}$	5.013 3	0.003 0<0.10
B_4—C_4	$(0.6667\quad 0.3333)^{T}$	2	0
B_5—C_5	$(0.5396\quad 0.2969\quad 0.1635)^{T}$	3.009 2	0.007 9<0.10

(二)层次总排序及其一致性检验

指标层相对于目标层的权重见表 4-43。

$$\text{C. I.}=\sum_{i=1}^{n}B_i(\text{C. I.})_i=$$

$$0.4031\times 0.0035+0.2444\times 0.0202+0.1367\times 0.0033+$$
$$0.1367\times 0+0.0791\times 0.0046=0.0072$$

$$\text{R. I.}=\sum_{i=1}^{n}\text{B}_i(\text{R. I.})_i=$$

$$0.4031 \times 0.9 + 0.2444 \times 0.9 + 0.1367 \times 1.12 + 0.1367 \times 0 + 0.0791 \times 0.58 = 0.7817$$

$$C.R. = \frac{C.I.}{R.I.} = \frac{0.0072}{0.7817} = 0.0092 < 0.10$$

因此,层次总排序一致性较好,权重分配合理。

表 4-43 指标层相对于目标层的权重

目标层 A	准则层 B	B 层相对于 A 层的权重	指标层 C	C 层相对于 B 层的权重	C 层相对于 A 层的权重
泗河健康	水文水资源	0.403 0	生态用水满足程度	0.423 5	0.170 7
			水资源开发利用率	0.227 1	0.091 5
			流量过程变异程度	0.227 1	0.091 5
			水土流失治理程度	0.122 3	0.049 3
	物理结构	0.244 5	河岸带稳定性	0.330 0	0.080 7
			河岸带植被覆盖度	0.330 0	0.080 7
			河岸带人工干扰程度	0.199 6	0.048 8
			河流纵向连通性指数	0.140 4	0.034 3
	水质	0.136 6	水质优劣程度	0.368 8	0.050 4
			水功能区达标率	0.206 3	0.028 2
			底泥污染状况	0.206 3	0.028 2
			水体整洁程度	0.109 3	0.014 9
			入河排污口布局合理程度	0.109 3	0.014 9
	生物	0.136 7	鱼类保有指数	0.666 7	0.091 1
			大型无脊椎动物生物完整性指数	0.333 3	0.045 6
	社会服务功能	0.079 1	供水指标	0.539 6	0.042 7
			防洪指标	0.296 9	0.023 5
			公众满意度	0.163 5	0.012 9

二、评估结果及存在问题

(一)泗河健康状态

根据各指标得分情况,按照层次分析法计算出的权重,计算的泗河健康目标层分值即泗河健康指数为 67.31,据表 4-20 所列河流健康评估分级状况,处于 60~80 分的为健康状态。因此,泗河目前处于健康状态。泗河健康评估综合得分见表 4-44。评估结果如图 4-4、图 4-5 所示。

表 4-44　泗河健康评估综合得分

准则层	权重	指标层	权重	河段 1	河段 2	河段 3	河段 4	河流综合评估
水文水资源	0.403 0	生态用水满足程度	0.423 5	100	100	100	100	100
		水资源开发利用率	0.227 1	31.25	31.25	31.25	31.25	31.25
		流量过程变异程度	0.227 1	82	82	82	82	82
		水土流失治理程度	0.122 3	10	10	10	10	10
		准则层得分		69.29	69.29	69.29	69.29	69.29
物理结构	0.244 5	河岸带稳定性	0.330 0	81.7	56	54.67	46.33	57.89
		河岸带植被覆盖度	0.330 0	75	75	75	50	68.71
		河岸带人工干扰程度	0.199 6	80	75	65	70	71.89
		河流纵向连通性指数	0.140 4	100	100	0	100	72.32
		准则层得分		81.72	72.24	55.77	59.80	66.28
水质	0.136 7	水质优劣程度	0.368 8	50	55	60	56	55.72
		水功能区达标率	0.206 3	95	80	90	85	86.76
		底泥污染状况	0.206 3	60	60	60	60	60
		水体整洁程度	0.109 3	79	77	76	75	76.58
		入河排污口布局合理程度	0.109 3	100	100	100	100	100
		准则层得分		69.98	68.51	72.31	69.69	70.13
生物	0.136 7	鱼类保有指数	0.666 7	67	67	67	67	67
		大型无脊椎动物生物完整性指数	0.333 3	53.34	53.34	53.34	53.34	53.34
		准则层得分		62.45	62.45	62.45	62.45	62.45
社会服务功能	0.079 1	供水指标	0.539 6	84.4	84.4	84.4	84.4	84.4
		防洪指标	0.296 9	26.7	26.7	26.7	26.7	26.7
		公众满意度	0.163 5	64	64	64	64	64
		准则层得分		63.93	63.93	63.93	63.93	63.93
河段综合评估				71.06	68.55	65.04	65.67	67.31

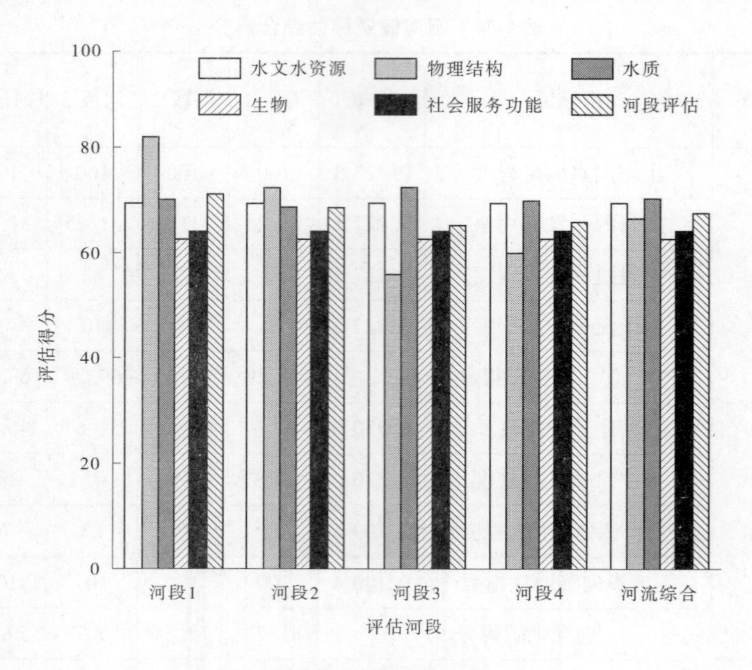

图 4-4　泗河评估结果

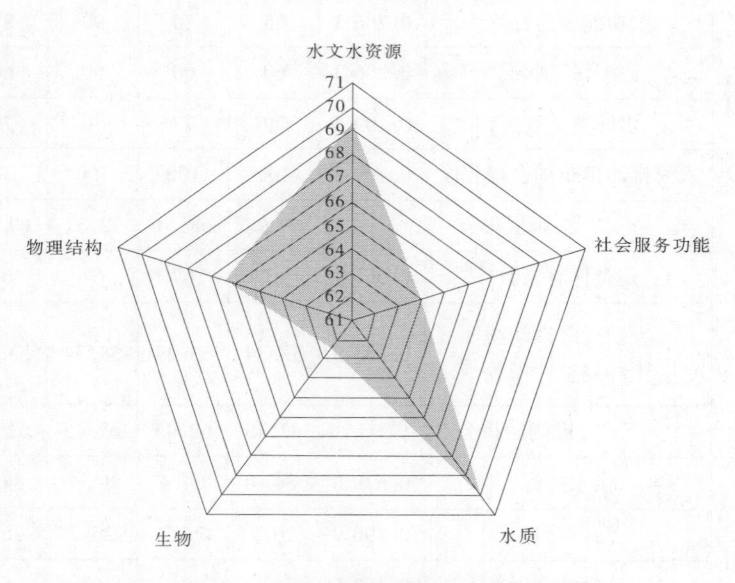

图 4-5　泗河各准则层赋分雷达展示图

由评估结果可知,4 个河段的综合得分都在 60 分以上,全都处于健康状态。相对于其他河段,评估河段 3 得分最低,为 65. 04 分,主要原因是河段 3 处于人口密集的下游,人类活动影响较大,对河流的天然状态造成了严重破坏。从泗河整体来看,水质完整性评分为 70. 13 分,得分最高,表明泗河水质较好。生物完整性评分为 62. 45,得分最差,接近于亚健康状态,是影响泗河健康的主要因素。泗河健康的主要胁迫因素依次是生物、社会服务功能、物理结构、水文水资源、水质。

(二)存在的健康问题

尽管泗河健康评估的结果为健康状态,但是距离生态良好的自然河流还有差距,仍然存在一些影响健康的问题。

(1)水文水资源准则层评估反映出的,主要是水土流失治理程度较低和流量过程变异程度高的问题,泗河流域作为我国土石山区土壤侵蚀的典型流域,其特殊的自然地理环境和人类活动干扰,加剧了土壤侵蚀、增大了沙化面积、破坏了生态系统,造成了土地破碎、自然植被退化等严重现象,影响了流域经济发展。

(2)物理结构准则层评估反映出的,存在的问题是河岸带稳定性差,主要原因是流经农村的河段受农业耕种的人为扰动影响较大。

(3)水质准则层评估反映出的,存在的问题是入河排污口布局不合理,沿河村庄、厂矿企业较多,污水口排污带较长,河道防治形势非常严峻。泗河是季节性河流,非汛期水量较少,下游河段河道在枯水期经常干枯,纳污能力和自净能力不足。

(4)生物准则层评估反映出的,主要是鱼类保有指数低的问题,鱼类在保持生物多样性、维持河流生态系统平衡方面有着重要作用,由于近年来水环境状况改变和人类大量捕杀,种类急剧下降,种群单一化趋势日益明显。

(5)社会服务功能准则层评估反映出的,存在防洪不达标的问题,泗河是东面流入南四湖最大的一条山洪沙质河道,洪水暴涨暴落,河道淤积严重,一直是济宁市防汛工作的重点。防止洪水侵袭泗河两岸的保护区,保证防洪安全和沿河人们的安全至关重要。大部分堤防的防洪能力仅达到10年一遇标准,堤顶宽度窄、高度低且不连续。

第六节　修复对策和措施

泗河健康的可持续发展还是需要从水资源保护、水生态保护、水污染防治、水域岸线保护和社会服务保障方面入手。以济宁市水功能区规划、生态功能区划、流域综合规划、水资源保护规划、水土保持规划、重点河流治理与生态保护规划等为基础,以流域和重点区域为单元,从严守生态保护红线、加强水生态系统保护和修复的要求出发,结合泗河水生态系统特点、重要及敏感生态保护目标以及主要水生态问题,坚持保护优先、自然恢复为主,因地制宜提出泗河生态治理与修复、水土流失防治、河岸植被缓冲带建设和河湖水系连通及生态补水等水生态保护与修复任务和措施。

一、水资源保护措施

针对监测断面实测月径流量与天然月径流量过程差异过大问题,政府需要落实最严格水资源管理制度,合理开发利用水资源。首先,通过大力推进节水型社会建设,提高水资源利用效率,合理抑制需求。其次,在开展水资源供需分析和配置时,以优先保证城乡生活用水和基本的生态环境用水为出发点,严格控制入河主要断面的下泄水量,保障经济社会可持续发展和生态环境保护对水资源的合理需求。

二、水生态保护措施

(一)水土流失治理程度

针对水土流失治理程度不达标问题,以水土保持区划为基础,提出封山禁牧、轮封轮禁、封育保护等预防保护和自然修复措施,明确水土流失综合治理措施布局。开展生态林建设,保护天然森林,营造生态林。发挥林木截流涵养雨水、防止水土流失、增加土壤水分下渗、抑制地表水分蒸发、减缓和调节地表径流的作用,充分利用生态林的水源涵养、水土保持、净化水质和空气等生态功能。推广应用水土保持新技术、新工艺、新方法,提高水土保持的科技含量。一是加强水土保持从业人员的培训和教育,提高水土保持从业人员的业务水平和综合素质,扩大技术交流合作的领域和范围,学习吸收国内外的水土保持先进技术和经验。二是加强水土保持技术支撑体系,开展科技攻关、试验工作,培育发展水土保持技术市场,使水土保持规划、方案编制、工程设计、工程施工、工程监理、监测、验收等规范有序的开展。三是加强水土流失综合治理模式、开发建设项目水土流失防治技术、生态修复途径、水土流失动态监测方法、清洁型小流域等领域的研究。四是建设水土保持科技示范园区,推广水土保持实用先进技术。因地制宜地建立若干水土保持生态建设示范区或水土保持科技示范园区,探索综合治理、生态修复的新模式,为防治水土流失、生态环境建设起到典型示范作用。五是加强交流学习,适当派人员到国内其他省、市对口考察学习,及时了解水土保持科技发展的动向和最新研究成果,引进、消化、吸收同行业的先进技术和管理经验。加强同国内外研究单位的科学技术合作和交流,推动济宁市水土保持科技现代化进程。六是推动政府购买服务,培育和完善水土保持技术服务市场。

(二)鱼类保有指数

针对鱼类种类数量退化问题,需要加强监测工作。鱼类在维持河流生态系统平衡、保持生物多样性方面的重要性已被学术界广泛认可,水中生物恢复成为目前河流生态系统恢复的一个重要手段。通过调查发现,泗河水质不断恶化,鱼类数量在持续减少,而且鱼类种群单一化趋势日益明显。为应对泗河水生生物群落结构变化及多样性的降低,需要加强泗河水生生物、湿地及河岸带植被等的生态监测与科研工作;利用“3S”技术,通过无人机、遥感、遥测手段实现对保护区的全范围定期监测,积累资料;建立保护区视频监控系统,利用视频信息技术,实现对保护区的实时监测。可为泗河生态系统演化研究和保护水资源提供可靠的基础数据。

泗河开展因地制宜的渔业管理、资源养护工作非常重要。保护现有的鱼类,建立禁捕鱼区和常年保护区,特别要保护好现有鱼类的天然产卵场所。泗河捕捞期开始的一段时间捕捞效率较高,随着捕捞时间的延长,捕捞效率明显下降。但捕捞初期亦是鱼类生长较快的时期,过早的捕捞大大地降低了增殖放流的经济效益。因此,应根据鱼类的生长规律,合理安排捕捞期。对缺少过鱼设施的闸坝进行改造,增加河流连通性,为鱼类种群提供更大的恢复空间,定期投放鱼苗增加鱼类数量。

三、水污染防治措施

针对入河排污口布局不合理问题,需要加强水功能区管理,严格控制污染物超标排放,实施入河污染物总量控制制度,加大流域工业污染源治理和非点源污染控制力度,逐步改善生态,保护重点河段的水环境质量,满足鱼类生存所需水质要求。以城镇生活水源区保护为重点,强化入河排污口的管理,城镇生活饮用水源的水质安全是水资源保护工作的重点,由于大量污废水的排放,有些河段取水口与排污口交错分布,生活饮用水水源地水质难以保证。因此,应将生活用水安全作为水资源管理与保护的首要任务,制定有效管理法规,实施水质保护,对功能区内入河排污口的设置统一规划、系统管理,功能区内的已设入河排污口要登记造册,纳入功能区管理。入河排污口的变迁和新设,必须经过水行政主管机关批准,依法管理并进行入河排污口设置论证,及时掌握入河排污口设置、变迁的动态变化情况,确保城镇生活饮用水水质安全。

四、水域岸线保护措施

针对植被覆盖度低以及河岸带稳定性问题,提倡人工林草建设、退耕还林还草、自我修复以及建设生态廊道。植物生态护岸工程在自我修复过程中,不断强化两方面的生态功能:一是维持河岸的结构稳定性,稳固河岸以确保河岸物理生境的完整性;二是提高河岸的生态稳定性,使整个河流生态系统健康发展。以泗河流域为单元,以泗河水系为脉络,统筹河道、河岸、水流等要素,结合河流生态廊道不同功能类型维护要求,提出差异化保护与修复措施,实现河流清澈流动、廊道蓝绿交织。针对重要泗河水域岸线生态功能退化等问题,提出生态缓冲带建设,重要水生态环境营造,沿河湿地保护,河岸线整治,堤防生态化改造等措施;针对侵占河道、围网养殖等突出问题开展清理整治,提出退田还林、退养还滩及河道生态修复措施;对于拦河闸坝建设运行造成纵向连通性阻隔、生态环境破碎化等生态影响较为严重的,因地制宜提出生态流量保障及连通性恢复等措施。

五、社会服务保障措施

针对防洪堤防工程长度不达标问题,可以采取堤防加固、加高、加厚工程等措施。随着国民经济的发展,社会财富大量增加,洪灾损失越来越大,对防洪的要求越来越高,迫切要求提高泗河堤防的防洪能力和标准,尽快建设高标准堤防工程。

第五章　季节性河流生态流量评测保障技术

水是生命之源、生产之要、生态之基。影响河湖生命健康的因子有很多，但对于我国北方缺水地区的季节性河湖来说，生态流量保障不足是其最根本的诱因。为此，当前阶段国家部门制定出台的一系列河湖生态复苏的文件，大多把重点放在了生态流量保障方面。本书将从探讨季节性河流生态流量保障方案入手，继而以泗河为例，探讨其生态流量保障目标评测、管控措施和保障机制。

第一节　生态流量保障方案

一、保护对象选定

水利部《关于做好河湖生态流量确定和保障工作的指导意见》（水资管〔2020〕67号）指出，确定生态流量应以保障河湖生态保护对象用水需求为出发点；生态保护对象主要包括河湖基本形态、基本栖息地等基本生态保护对象，以及保护要求明确的重要生态敏感区、水生生物多样性、输沙、河口压咸等特殊生态保护对象。

据《山东省水资源综合规划》（山东省人民政府2007年批准实施），山东省没有重要的需要特别考虑补水的淡水湖泊湿地（沼泽），境内河道为北方季节性河道，河道内生态环境需水应主要为维持河道基本功能的生态环境需水，包括河道基流量、冲沙输沙水量和水生生物保护水量，三者之间存在水量重叠，可以重复利用，在保证河道基流的条件下，其他二者的水量可基本满足。

综上所述，山东省河湖并没有特殊生态保护对象，季节性断流或干涸的特点决定了其生态保护对象只能以维护河湖基本形态为主。具体河湖选定保护对象时，应依据其具体特点和实际情况科学确定，不宜在宏观上将相关概念一并笼统引用。

二、保障类型选择

（一）不同保障目标类型对比分析

水利部《关于做好河湖生态流量确定和保障工作的指导意见》（水资管〔2020〕67号）对合理确定河湖生态流量目标作出了具体要求，其中一般河流应确定生态基流；具有特殊生态保护对象的河流，还应确定敏感期生态流量；天然季节性的河流，以维系河流廊道功能确定有水期的生态水量目标；水资源过度开发的河流，可结合流域区域水资源调配工程实施情况及水源条件，合理确定分阶段生态流量目标；平原河网、湖泊以维持基本生态功能为原则，确定平原河网、湖泊生态水位（水量）目标。由此看来，河流生态流量保障包括生态基流、生态水量、生态水位（水深）等3种类型，而且适宜对象不尽相同，具体见表5-1。

表 5-1　不同生态流量保障目标类型适宜范围对照

<table>
<tr><th rowspan="2">保障目标类型</th><th colspan="2">适用对象</th></tr>
<tr><th>常规情形</th><th>特殊情形</th></tr>
<tr><td>生态基流</td><td>一般河流</td><td rowspan="3">有特殊保护对象的河流、水资源过度开发的河流</td></tr>
<tr><td>生态水量</td><td>天然季节性河流</td></tr>
<tr><td>生态水位(水深)</td><td>平原河网、湖泊及其他特殊需要采用生态水位(水深)保障类型的河流</td></tr>
</table>

同时,生态基流、生态水量和生态水位(水深)在保障断面设置、保障程度确定、保障指标计算、保障指标观测、预警调度管理等的易得性方面也存在较大差异,见表 5-2。

表 5-2　不同生态流量保障目标类型易得性对照

类别	生态基流	生态水量	生态水位(水深)
保障断面设置	断面设置条件较高、投入成本大	断面设置条件较高、投入成本大	断面设置条件较低、投入成本低
保障程度确定	按日均流量进行评价,达标难度大	按时段进行评价,达标难度相对较低	按照旬均水位进行评价,达标难度中等
保障指标计算	计算方法相对成熟	多由生态流量目标积分转化得到	计算方法相对成熟
保障指标观测	可直接观测,观测技术多样且差异大,精度一般	无法直接观测,精度低	观测技术较为完善,精度较高
预警调度管理	预警便利,调度难度大	预警不便,调度难度较低	预警便利,调度难度中等

通过上述比较可以看出,保障目标应按照河湖水资源条件和生态保障需求综合选择,还应兼顾保障实施的便利性,选择更灵活的方式。

(二)推荐保障目标类型

由《山东省水资源综合规划》定位及相关概念可知,山东省河流均属季节性河流,生态流量保障目标类型为以维系河流廊道功能确定的生态水量。但是,生态水量目标本身也有一定的局限性,包括保障断面设置条件高、无法直接观测、预警不便等。为此,山东省河湖生态流量保障目标类型建议以生态水量为主,以生态流量、生态水位为辅。其中,山丘区河流以生态水量作为保障目标,并以生态流量、实时流量等作为监测、预警、调度管理的重要辅助依据;平原区河流及其他特殊条件的河流以生态水深作为保障目标;湖泊以生态水位作为保障目标。

三、保障程度确定

(一)水利部相关文件要求

《水利部关于印发第一批重点河湖生态流量保障目标的函》(水资管函〔2020〕43号),要求河流主要控制断面生态基流保障情况原则上按日均流量进行评价,湖泊最低生态水位原则上按照旬均水位进行评价;河流主要控制断面的生态基流保证率原则上应不小于90%。该文件未对生态水量的评价方法和保证率、生态水位的保证率等作进一步的明确。

水利部水利水电规划设计总院2019年4月"2019年重点河湖生态流量(水量)研究与保障工作有关技术要求说明"对生态流量(水量)设计保证率进行了明确,即:原则上,生态基流设计保证率不低于90%~95%,基本生态流量(水量)全年值的设计保证率不低于75%~90%;对水资源丰沛、工程调控能力强的主要控制断面,设计保证率可从高要求,对于水资源紧缺、调控能力较弱的主要控制断面,设计保证率可适当从低要求。从该说明中可以看出,生态水量按年进行评价,且设计保证率不得低于75%。同样,该文件未对生态水位的保证率要求进行明确。

(二)山东省河湖生态流量保障程度确定

山东省属国际公认的人均水资源量低于500 m^3 的严重缺水地区,河湖天然具有季节性特点,丰枯变化剧烈,且存在过度开发的问题,河湖生态流量保障以维护河流廊道功能生态水量作为目标。参照前述两个水利部文件,建议现阶段山东省境内重点河流生态流量设计保证率取75%,即在来水优于75%频率的年份,全年(细分为丰水期3个月、枯水期、全年)生态水量超过确定的相应生态水量指标。重点湖泊生态水位保障程度,参照取75%的设计保证率,即在来水优于75%频率年份,全年(细分为丰水期3个月、枯水期、全年)旬平均水位能达到确定的相应生态水位指标。其中,丰水期在前文中已予以探讨,山东省建议为每年的7—9月。

四、保障指标计算

河流生态流量保障指标的计算,即河流生态需水量的计算,因其方法较多且适用范围各异而致使各地无所适从。本次研究先对河流生态需水量的主要计算方法进行简要介绍,再结合山东省实际推荐1~2种具体的方法。

(一)计算方法及综合比较

目前,河流生态需水计算方法一般分成5类,即水文指标法、水力学法、栖息地定额法、整体分析法和平衡法。

1. 水文指标法

最常用的水文指标法有Tennant法或称蒙大拿(Montana)法、水生物基流法、可变范围法、$7Q_{10}$ 法、德克萨斯(Texas)法、流量历时曲线法、近10年最枯月平均流量(水位)法、频率曲线法、Q_P 法、河床形态分析法、湖泊形态分析法等。

1)Tennant法

Tennant法是由美国的Don Tennant于1976年首次提出的,并开始应用于美国中西部。该方法基于对12个栖息地河道流量与其栖息地质量关系的研究成果,并经过多次改进。Tennant 法确定的河道内最小生态流量是以测站的年平均天然流量百分率表示的，并根据鱼类等的生长条件，分两个时段（10 月至翌年 3 月，4—9 月）设定不同标准，见表 5-3。

表 5-3　河道内不同生态状况对应的年平均天然流量百分比

不同流量百分比对应河道内生态环境状况	占天然流量百分比	
	年内水量较枯时段	年内水量较丰时段
最佳	60~100	60~100
优秀	40	60
很好	30	50
良好	20	40
一般或较差	10	30
差或最小	10	10
极差	0~10	0~10

注：本表引自《河湖生态环境需水计算规范》（SL/T 712—2021）。

2）水生物基流法（aquatic base flow method，ABF）

水生物基流法属标准设定法，由美国鱼类和野生动物保护部门在研究了 48 条流域面积在 50 km^2 以上且有 25 年以上观测资料、没有修建对环境影响较大的大坝或调水工程的河流后创立的方法。它设定某一特定时段月平均流量最小值的月份，其流量满足鱼类生存条件。该方法将一年分为 3 个时段考虑，夏季主要考虑满足最低流量，设定流量为一年中 3 个时段中最低的，以 8 月的月平均流量表示；秋季和冬季时段，要考虑水生物的产卵和孵化，设定的流量为中等流量，以 2 月的月平均流量表示；春季也主要考虑水生物的产卵和孵化，所需流量在 3 个时段中为最大，以 4 月或 5 月的月平均流量表示。

3）可变范围（Range of Variability Approach，RVA）法

RVA 法描述流量过程线的可变范围，即天然生态系统可以承受的变化范围，并要求提供影响环境变化的流量分级指标。该法可以反映取水和其他人为改变径流量的影响情况，表征维持湿地、漫滩和其他生态系统价值与作用的水文系统。在 RVA 流量过程线中，当其流量为最大流量与最小流量差值的 1/4 时，该数值为所求的生态需水流量。

4）$7Q_{10}$ 法

$7Q_{10}$ 法采用近 10 年中每年最枯连续 7 d 的平均水量作为河流最小流量的设计值。该方法最初是由美国开发用于保证污水处理厂排放的废水在干旱季节满足水质标准，不代表河道内生态需水量。$7Q_{10}$ 法的应用在我国演变为采用近 10 年最小月平均流量或 90%保证率最小月平均流量。该法主要是为防止河流水质污染而设定的，在许多大型水利工程建设的环境影响评价中得到应用。

5）德克萨斯（Texas）法

德克萨斯法采用某一保证率的月平均流量表述所需的生态流量，月流量保证率的设定考虑了区域内典型动物群（鱼类总量和已知的水生物）的生存状态对水量的需求。德克萨斯法首次考虑了不同的生物特性（如产卵期或孵化期）和区域水文特征（月流量变化

大)条件下的月需水量,比现有的一些同类规划方法前进了一步。

6)流量历时曲线法

流量历时曲线法利用历史流量资料构建各月流量历时曲线,使用某个频率来确定生态流量。这种方法利用至少20年的日均流量资料,计算每个月的生态流量。采用的枯季生态流量相应频率有90%,也有采用频率为84%的情况;汛期生态流量相应频率也有采用50%的情况。流量历时曲线法不仅保留了采用流量资料计算生态流量的简单性,而且考虑了各个月份流量的差异。

7)近10年最枯月平均流量(水位)法

缺乏长系列水文资料时,可用近10年最枯月(或旬)平均流量、月(旬)平均水位或径流量,即10年中的最小值,作为基本生态环境需水量的最小值。该方法适合水文资料系列较短时近似使用。

8)频率曲线法

用长系列水文资料的月平均流量、月平均水位或径流量的历时资料构建各月水文频率曲线,将95%频率相对应的月平均流量、月平均水位或径流量作为对应月份的节点基本生态环境需水量,组成年内不同时段值,用汛期、非汛期各月的平均值复核汛期、非汛期的基本生态环境需水量。频率宜取95%,也可根据需要作适当调整。该方法一般需要30年以上的水文系列数据。

9)Q_P 法

Q_P 法又称不同频率最枯月平均值法,以节点长系列($n \geqslant 30$ 年)天然月平均流量、月平均水位或径流量 Q 为基础,用每年的最枯月排频,选择不同频率下的最枯月平均流量、月平均水位或径流量作为节点基本生态环境需水量的最小值。

频率 P 根据河湖水资源开发利用程度、规模、来水情况等实际情况确定,宜取90%或95%,实测水文资料应进行还原和修正,水文计算按《水利水电工程水文计算规范》(SL/T 278—2020)的规定执行。不同工作对系列资料的时间步长要求不同,各流域水文特性不同,因此最枯月也可以是最枯旬、最枯日或瞬时最小流量。

对于存在冰冻期的河流或季节性河流,可将冰冻期和季节性造成的无水期排除在 Q_P 法之外,只采用有天然径流量的月份排频得到。

10)河床形态分析法

维持河床形态的河流造床功能所需水量,可根据对枯水期、平水期、丰水期,或汛期、非汛期维持河床形态的水量分析,分别求得。维持河流形态功能不丧失的水量,可用维持枯水河槽的水量估算,通过分析枯水期河道横、纵断面形态和水量流量的关系,推求维持枯水河槽对应的需水量。

11)湖泊形态分析法

该法通过分析湖泊水面面积变化率与湖泊水位关系来确定维持湖泊基本形态需水量对应的最低水位。首先通过实测的湖泊水位 H 和湖泊面积 F 资料,构建湖泊水位 H 与湖泊水面面积 F 的变化率 $\mathrm{d}F/\mathrm{d}H$ 的关系曲线。在湖泊枯水期低水位附近的最大值对应水位为湖泊最低生态水位。如果湖泊水位和 $\mathrm{d}F/\mathrm{d}H$ 关系曲线没有最大值,则不能使用该方法。

2. 水力学法

水力学法是把流量变化与河道的各种水力几何学参数联系起来的求解生态需水的方法,目前包括湿周法和 R2Cross 法两种。

1)湿周法

湿周法是基于野外测流方法估算最小生态需水量的最简单的方法。河道的湿周是指河道横断面湿润表面(水面以下河床)的线性长度。湿周法假定能保护好临界区域水生物栖息地的湿周,也能对非临界区域的水生物栖息地提供足够的保护。采用湿周法确定栖息地最小生态需水量,需要建立浅滩湿周与流量的关系曲线。在该关系曲线中,其转折点的流量就是维持浅滩的最小生态需水量,它表征在该处流量减少较小时湿周的减少值会显著增大。

2)R2Cross 法

R2Cross 法是由科罗拉多水利委员会针对高海拔的冷水河流为保护浅滩栖息地冷水鱼类(如鲑鱼、鳟鱼等)而开发的,属中等标准设定法。该法选择特定的浅滩-水生无脊椎动物和一些鱼类繁殖的重要栖息地,确定其临界流量,假定临界流量如果能满足该处生物的生存,则河流其他地方的流量也能满足其他栖息地的要求。利用曼宁公式,计算特定浅滩处的河道最小流量代表整个河流的最小流量。河道流量由河道的平均水深、湿周率和平均流速确定。

3. 栖息地定额法

栖息地定额法又称生态环境法,不对自然生态系统状态做预先假设,而在考虑自然栖息地河道流量的变化时,与特定物种栖息地参数选择相结合,确定某一流量下的栖息地可利用范围。可利用的栖息地面积与河道流量的关系是曲线关系,从曲线上可以求得对特定数量物种最适宜的河道流量,可用作推荐的生态流量参考值。

栖息地定额法最常用的是河道内流量增量法(instream flow incremental methodology, IFIM)、有效宽度法(UW-usable areas)、快速生物评估草案(rapid bioassessment protocols)、生物空间法、生物需求法等。

1)河道内流量增量法(IFIM)

IFIM 法基于假定生物有机体在流动河水中的分布受水力条件的控制。由 IFIM 法产生的决策变量是栖息地的总面积,该面积随特定物种的生长阶段或特定的行为(如产卵)而变化,是流量的函数。该法通常与自然栖息地仿真系统模型(PHABSIM, physical habitat simulation)进行耦合,用于建立栖息地与流量的关系和预测环境参数的变化。

2)有效宽度法(UW-usable areas)

该方法是建立河道流量和某个物种有效水面宽度的关系,以有效宽度占总宽度的某个百分数相应的流量作为最小可接受流量。有效宽度是指满足某个物种需要的水深、流速等参数的水面宽度。不满足要求的部分即为无效宽度。

3)快速生物评估草案(rapid bioassessment protocols)

快速生物评估草案是一种专家打分法。该方法认为河道的生物多样性与河道的水文特性、栖息地环境、水质特性有很大关系。评价一个河道的生物多样性单从栖息地环境来看,可以从河道形态、河岸结构、岸边带植被等方面判断河道内的栖息地是否能为大型无脊椎生物和鱼类提供丰富的生存环境。选取的参数有流态、底质、河道比降、弯曲度、泥沙、岸坡稳定、河滨带植被等，将河流健康状况分为最好、好、一般、差 4 个评价级别，从地形、水文、水质、植被等方面对河道栖息地进行综合评价。

4）生物空间法

该法基于湖泊各类生物对生存空间的需求来确定湖泊的生态环境水位，可用于计算各类生物对生存空间的不同需求下对应的水位。各类生物对生存空间的需求所对应的目标生态环境水位保护目标要求确定。各类生物对生存空间的基本需求应包括鱼类产卵、洄游，种子漂流，水禽繁殖等需要短期泄放大流量的过程，宜选用鱼类作为关键物种。因此，从鱼类对生存空间的最小需求来确定最小生态需水。

5）生物需求法

对于有水生生物物种不同时期对水量需求资料的，水生生物需水量可采用以下公式计算：

$$W_i = \max(W_{ij}) \tag{5-1}$$

式中：W_i 为水生生物第 i 月需水量，m^3；W_{ij} 为第 i 月第 j 种生物的需水量，m^3，根据物种保护的要求，可是一种或多种物种。

实际计算中，可根据实测资料和相关参考资料确定生物物种生存、繁殖需要的流速范围，再依据流速-流量关系曲线确定对应的流量范围，进而计算得到 W_{ij}。

当水生生物保护物种为多个时，应分别计算各保护物种的需水量，并取外包值。

4. 整体分析法

整体分析法主要从河流的整个系统出发，全面考虑生态系统的影响因素。该类方法中最常见的为构建分区法或称 BBM（building block method）。

BBM 法是由南非水务及林业部与有关科研机构一起开发的，在南非已得到广泛应用。在该法中，依据现状生态环境把河道内生态环境状况分为 6 级：生态环境未变化、生态环境变化很小、生态环境适度改变、生态环境有较大的改变、天然栖息地广泛丧失以及生态环境处于危险境地。在此基础上，根据生态环境状态的前 4 级设定不同的未来生态管理类型。该方法还把河道内的流量划分为 4 部分，即最小流量、栖息地能维持的洪水流量、河道可维持的洪水流量和生物产卵期洄游需要的流量，并要求分别确定这 4 部分的月分配流量、生态环境状况级别和生态管理类型。

5. 平衡法

平衡法主要为保证流域生态水利平衡的计算方法，包括水量平衡、水沙平衡、水盐平衡、水热平衡等。

1）水量平衡法

通过计算维持一定水面面积的沼泽蓄水量来计算沼泽基本生态环境需水量与目标生态环境需水量，通过分析计算范围内各水量输入项、输出项的平衡关系，用水量平衡法进行计算。当沼泽敏感保护目标年内不同时段对水深和水面面积有不同要求时，水面面积可根据保护目标不同时段的需水要求而具体确定。该方法也可用于湖泊生态环境需水量计算。

2）河口输沙需水计算法

水流挟沙能力与有效流速、泥沙沉速及粒径有关，在一定泥沙淤积条件下，最大的含沙量将对应最小的泥沙输运水量。计算时,可根据不同河口实际情况,对参数做出相应的选择。

3)入海水量法

分析不同年代的入海水量变化及开发利用的关系,选择河流开发利用程度相对较低的年代,如20世纪五六十年代,用该年代多年平均来水频率对应的年均入海水量作为天然状况下的入海水量。

参考该河流控制断面生态环境需水量占天然径流量的比例,合理确定河口生态环境需水量占入海水量的比例,计算河口基本生态环境需水量和目标生态环境需水量。

4)河口盐度平衡需水计算法

河口生态系统的基本特点在于淡水、咸水的混合。河口盐度平衡需水量计算时应强调保持一定规模的淡水输入,以实现河口系统水盐平衡。可采用简化的箱式模型建立河道流量与河口盐度的相关联系。假定河口水体混合均匀,河口盐度平衡方程式如下:

$$dS/dT = (\Delta Q \cdot S_0 + \Delta V_{k1} \cdot S_{sea} - \Delta V_{1k} \cdot S_{estuary}) V_1 \quad (5\text{-}2)$$

式中:S 为瞬时盐度;Q 为河口输入淡水量;ΔQ 为计算期内河道淡水输入量;S_0 为河道径流盐度;$S_{estuary}$ 为前一时间河口水体盐度;S_{sea} 为河口以外海洋水体盐度;V_1 为河口水体体积;V_{k1} 为海洋流向河口的水体体积;V_{1k} 为河口流向海洋的水体体积;ΔV_{k1} 和 ΔV_{1k} 分别为所计算时段内从海洋流向河口以及从河口流向海洋的流量,代表了河口与海洋之间的水循环状况。

以上介绍的河道内生态需水量计算方法各有优劣,适合不同的情形。如Tennant法,使用简单,操作方便、需要的数据相对少,但适用于水量较大的常年性河流,且仅描述最小生态需水,不能表征河道生态需水的天然变化过程,建立流量与水生态系统之间的关系难度大;水生物基流法考虑了流量的季节变化,对小型河流比较适用,对于较大型河流受人为影响因素大;Q_P 法和频率曲线法使用较多,适用于所有河湖,但需要至少30年长系列水文资料,且未考虑栖息地、水质及生态学等因素对生态的影响;生物空间法基于生物生存空间、栖息地、自身需水等计算生态环境需水量,适用于所有河湖,但该方法需要生物(主要是鱼类)对水量、水位需求的资料,该方法采用的鱼类最小需求空间参数粗糙,导致方法的精度有限;BBM法考虑了月枯水期和丰水期的流量变化,但计算过程烦琐,需要评价基础流量、自然平均流量和还原流量。总体来看,并没有一种可适用于所有河湖且计算简便的方法来确定生态流量(水量、水位)。

(二)推荐计算方法

1.相关文件或资料要求

据水利部水利水电规划设计总院2019年4月有关通知所附“2019年重点河湖生态流量(水量)研究与保障工作有关技术要求说明”,对生态流量(水量)确定方法进行了说明,即:原则上,对丰枯变化剧烈、工程调控能力较弱的主要控制断面,可以采用 Q_P 法(P 取90%或95%),其他断面可以采用Tennant法(比例取10%~20%);敏感生态流量(水量)应根据生态保护对象敏感期需水机制及其过程要求,选择栖息地模拟法、整体分析法等方法进行专项研究确定;不同时段生态流量(水量)值可用 Q_P 法或Tennant法等方法计算,全年生态流量(水量)值应根据不同时段值加和(加权)得到。

事实上,对于河道内生态需水量的计算,山东省往往采取基于实际条件而适当简化的方法来开展。例如,在山东省人民政府2007年批准实施的《山东省水资源综合规划》中,以河道基流量作为河道内生态环境需水的计算依据,认为“河道基流量是指维持河床基本形态,保障河道输水能力,防止河道断流、保持水体一定的自净能力的最小流量,维系河流的最基本环境功能不受破坏,必须在河道中常年流动着的最小水量阈值。以多年平均径流量的百分数(北方地区一般取10%~20%,南方地区一般取20%~30%)对河流最小生态环境需水量进行估算”。进而,考虑到山东省大部分地区处于半湿润半干旱气候带内,径流量的年际年内变化较大,河道自然条件下常见断流现象;全省总体上属于资源性缺水地区,且水资源的控制调节难度较大;河流枯水期含沙量很低,也基本无特别保护水生生物等因素。因此,山东省河道内最小生态环境需水按北方地区下限控制,即按多年平均天然径流量的10%分析估算。

鉴于山东省复杂的省情、水情,其重点河湖生态流量(水量、水位)保障指标计算,建议遵循“先粗后细、先易后难”进行确定。

2. 河流生态保障指标推荐计算方法

河流生态水量建议采用Tennant法进行计算,占比以10%为基准并依据合理性分析适当修正,原则上最高取20%、最低取5%。对于丰枯变化剧烈的河流,通过可达性分析,可达性统计值不满足规定的,近期可适当降低比例,但远期仍不得低于5%。具体分以下步骤进行:

第一步,对30年以上系列逐年逐月目标断面天然月径流量进行统计,获得多年平均逐月天然径流量和对应的水量;

第二步,分别确定全年、丰水期7—9月逐月、枯水期10月至翌年6月生态流量和生态水量,其中生态流量以对应月份平均天然径流量的10%为基准计算,生态水量以对应月份生态流量和跨历日数进行计算;

第三步,对照历史实测径流资料,开展全年、丰水期3个月(6—9月)逐月、枯水期生态水量可达性统计,如统计结果满足合理性要求可直接进入下一步,如统计结果未能满足合理性要求则须退回第二步对生态流量占天然径流量的比例进行调整优化,重新开展可达性统计,直到满足合理性要求;

第四步,以最后满足合理性要求的生态流量为基础推求全年逐日生态水量、平均生态流量,并利用逐日生态水量累加得到累积生态水量基线。

3. 湖泊生态保障指标推荐计算方法

湖泊生态水位建议采用Q_P法进行计算,频率P建议以90%为基准,并依据合理性分析在75%~90%中优化选定。具体分以下步骤进行:

第一步,对30年以上系列逐年逐月平均水位进行统计,获得每年最枯月份的平均水位值;

第二步,对长系列最枯月份平均水位值进行排频,取90%频率下最枯月平均水位作为目标湖泊断面的拟定生态水位;

第三步,对照历史实测水位资料,开展全年、丰水期(7—9月)逐月、枯水期(10月至翌年6月)生态水位可达性统计,如统计结果满足合理性要求可直接进入下一步,如统计结果未能满足合理性要求则须退回第二步对选取的频率值进行调整优化，重新开展可达性统计直到满足合理性要求为止；

第四步，以最后满足合理性要求的水位值作为湖泊的生态水位。

（三）合理性分析

水利部水利水电规划设计总院2019年4月《2019年重点河湖生态流量（水量）研究与保障工作有关技术要求说明》中要求，初步确定得到的生态流量（水量）目标，应进行流域上下游、保护要求与水源条件、目标要求与可达性等方面的协调平衡，并与环评、相关规划、水量分配方案、取水许可等明确的生态流量（水量）目标进行协调统一。

因此，对于计算拟定的生态流量（水量、水位）保障指标成果，应开展合理性分析。主要是利用系列年实测数据进行生态保障目标可达性统计（实测系列年数据中，达到生态保障目标“合格”要求的年份数量占总年份数量的比例），对于通过优化水利工程设施调度方案，采用可行的节水措施后，仍不能达到既定保障程度要求的应适当降低目标值；对于不采取任何措施情况下即可达到既定保障程度的，则应考虑适度提高目标要求。原则上，长系列可达性统计值应控制在80%~90%。可达性统计值不足80%，表明目标过高，现阶段难以实现；可达性统计值超过90%，表明目标偏低，不利于强化河湖生态流量保障工作。

五、保障断面设置

水利部《关于做好河湖生态流量确定和保障工作的指导意见》（水资管〔2020〕67号）对河湖生态流量控制断面设置作出了具体要求，即根据河湖生态保护对象，选择跨行政区断面、把口断面（入海、入干流、入尾闾）、重要生态敏感区控制断面、主要控制性水工程断面等作为河湖生态流量控制断面。同时，控制断面的确定应与相关水利规划、相关生态环境规划、水量分配方案确定的断面相衔接，宜选择有水文监测资料的断面。而早在2019年4月，水利部水利水电规划设计总院有关通知中要求“以主要控制断面中的考核断面为重点，说明生态流量（水量）目标值、评价时长及对应的设计保证率”“介绍管理断面确定的基本原则，说明包括考核断面和管理断面在内的各主要控制断面的名称、位置、属性等基本情况”。可以看出，河湖生态流量保障可以设置多个控制断面，包括考核断面、管理断面以及其他参照断面。

根据以上文件精神，为便于约束、管理，建议山东省开展生态流量保护的重点河、湖，按“1+n”的原则设置考核断面和管理断面。其中，考核断面一个管理层级原则上设1个，确定生态流量保障目标，通过对流量、水量的实时监测并进行统计分析，并将其作为年度评价的主要依据；管理断面可根据需要设置多个，不确定生态流量保障目标，但也要开展流量、水量的实时观测和统计，用于辅助全流域生态流量保障调度和界定各市保障责任。

断面设置位置方面，跨省河流约束断面选择在省界断面附近，省内河流选择在入海、入湖、入干流的把口断面，断面上、下游没有便于监测的控制性水利工程设施或水文监测站点的可适当移动；管理断面作为辅助断面，一般选择位于市、县分界处，也可结合控制性水利工程设施、参与管理的水工程设施或水文监测站点适当移动或增加。

考虑到省、市、县三级重点河湖都要同步开展生态流量保障工作，对于跨行政区的河湖,上级重点河湖的管理断面可作为下级重点河湖的考核断面。

六、监测方案设计

从监测对象与途径、监测内容、监测期与频次、平台建设等 4 个方面探讨生态水量(水位)监测方案。

(一)监测对象与途径

以约束断面为监测重点,同时把管理断面的监测作为生态流量保障调度和落实各市、县(区)职责的重要辅助依据。监测数据可以采取依托断面所在的水文站或水利工程设施,利用已建或新建的监测设施直接测量获得;也可以利用上、下游附近其他断面数据推算获得,但应明确利用其他断面数据推算的具体方法。

(二)监测内容

各断面的监测内容应与保障目标相一致,包括水量、水位等。其中水量无法直接监测的,可采用流量、水位监测推算完成间接监测。需要间接监测的,应针对断面特点专题研究水量与流量、水位之间的关系。

(三)监测期与频次

山东省重点河湖生态流量保障的监测期为全年,需开展连续监测。

对流量、水位开展自动监测的,应充分利用自动监测设备,实现每 5 min 一次采样监测,并及时获得累积水量、小时累积水量、小时平均水位、日累积水量、日平均水位等数据,利用时段统计出累积总水量、旬均水位等信息。

(四)平台建设

信息平台建设是开展生态流量保障的重要基础支撑。为避免重复建设,建议省级部门统一开发建设面向省、市、县三级重点河湖生态流量保障的信息平台。积极创造有利条件,逐步与水资源监控能力平台、防汛抗旱数据系统、水量调度管理系统、取水工程(设施)核查登记信息平台等国家、流域和省级层面的相关信息平台相耦合,通过网络互联、数据共享、程序调用等方式,建立集信息发布、监测预警、评价评估、评价管理等多种功能于一体的生态流量(水量)管控信息平台。

七、预警方案设计

生态流量(水量、水位)预警方案,一般来说包括预警层级、应对阈值、应对措施等 3 个方面,水利部水利水电规划设计总院《2019 年重点河湖生态流量(水量)研究与保障工作有关技术要求说明》中提出了具体要求。但山东省生态流量保障以维系河流廊道功能满足生态水量为目标,其中丰水期处于汛期,预警方案的设计要考虑更多因素。为此,参照相关文件精神并结合实际,提出山东省重点河湖生态水量保障预警设计方案。

(一)预警期

预警期覆盖全年,重点为丰水期。其中,丰水期所历 7 月、8 月、9 月为汛期,相关监测、预警管理应服从防汛要求。

（二）预警层级

一般来说，预警层级主要根据河流大小、调度方式、调控能力、监测能力、应急响应能力等，并结合防汛抗旱预案等已有预警等合理设置，可为2~3级。鉴于山东省河湖特点，建议市级以上重点河流采用三级预警，分别为蓝色预警、橙色预警和红色预警，县级重点河流采用二级预警，分别为蓝色预警和红色预警；各级湖泊采用二级预警，分别为蓝色预警和红色预警。对于部分生态特别敏感的县级重点河流且具备相关技术条件的，也可采用三级预警。

（三）预警阈值

山东省应针对河流、湖泊生态预警分别设定阈值。

1. 河流生态水量预警阈值

对于山东省重点河流生态水量的预警，应将年度生态水量目标值按既定目标进行逐日分配，再逐日累加形成生态水量目标的逐日累积曲线，可称为生态水量目标基线。每年1月1日0时为基准点，开始流量和逐日累积水量监测，每日24时获得的日均流量、日累积水量与目标基线相对比。蓝色预警、橙色预警和红色预警阈值，按流量和累积水量两个维度同时设置，其中流量预警阈值按照对应时期或月份生态流量的120%、110%和100%设置，累积水量按照对应日期生态水量基线的100%、90%、80%设置。因此，河流生态流量的预警阈值每月发生变化，而生态水量的预警阈值每天都变化。

2. 湖泊生态水位预警阈值

湖泊生态水位预警阈值采取以生态水位为基准，增加0.1~0.5 m设置。其中，南四湖以生态水位增加0.1 m设置蓝色预警阈值，以生态水位为红色预警阈值；其他省内湖泊建议结合具体形态特征，以生态水位增加0.5 m设置蓝色预警阈值，以生态水位增加0.1~0.4 m为红色预警阈值。

（四）应对措施

根据预警级别，采取必要的应对措施。其中，发布蓝色预警时，应适度加大上游工程下泄水量，适当限制河道外生产用水；发布橙色预警时，应实施工程应急调度措施，适当压减河道外生产用水；发布红色预警时，应实施更加严格的工程调度和用水管控措施，必要时开展应急补水。如果在预警期间，有充分依据表明该年份流域来水偏枯，达到90%以上频率，则可停止生态流量保障的相关预警应对，流域水资源分配、管理服从区域最严格水资源管理制度等有关要求。

八、承担主体设立

水利部向各有关省（自治区、直辖市）人民政府，各流域管理机构下达了《关于印发第一批重点河湖生态流量保障目标的函》（水资管函〔2020〕43号文），明确“各有关省（自治区、直辖市）人民政府依据有关规定，组织有关职能部门抓好生态流量保障目标的落实，强化地方河湖生态流量管理责任，完善生态流量监管体系”。可见，该文件认定的国家级重点河湖生态流量保障的责任主体是省级人民政府，实施主体是有关职能部门。

对于山东省境内省、市、县三级重点河湖生态流量保障工作的主体，建议参照水利部文件明确各级人民政府是责任主体,各级有关职能部门为实施主体。为便于实施,建议各级人民政府结合河、湖长制建设,按管理权限有针对性地设立由各有关职能部门联合参加的河湖生态流量保障管理调度机构,并建立长效工作机制,确保生态流量保障工作落到实处。

九、评价原则与标准

(一)评价原则

对于重点河湖生态流量保障达标的评价,建议遵循以下原则。

1. 遵循分等级评价的原则

鉴于山东省水资源十分紧缺的实际,建议重点河湖生态流量保障评价分合格、良好 2 个等级,难度逐级升高。这样,有利于各地结合自身情况确定达标的等级目标。

2. 遵循分年型评价的原则

建议重点对来水频率优于 75%年份的河湖生态流量(水量、水位)保障情况进行评价,即流域来水频率优于 75%的年份,按照规定对生态流量保障目标进行评价。否则,按实际统计生态流量、水量、水位等指标,但不进行评价,不定等级。

(二)评价标准

水利部《关于做好河湖生态流量确定和保障工作的指导意见》(水资管〔2020〕67 号文)指出,流域管理机构或地方各级水行政主管部门应把保障生态流量目标作为硬约束,依据评价标准开展定期评价并作为约束依据。遵循上述原则,确定评价标准,见表 5-4。

表 5-4 推荐评价标准一览

评价类型		合格	良好	优秀
河流	来水频率优于 75%年份	实测全年生态水量超过保障目标	实测丰水期、枯水期、全年生态水量均超过对应时期的保障目标	实测丰水期 3 个月逐月、枯水期、全年生态水量均超过对应时期的保障目标
	其他年份	—	—	—
湖泊	来水频率优于 75%年份	实测全年平均水位超过保障目标	实测丰水期、枯水期、全年平均水位均超过对应时期保障目标	实测丰水期 3 个月逐月、枯水期、全年平均水位均超过对应时期保障目标
	其他年份	—	—	—

十、不同类型河湖生态流量保障推荐方案

根据以上分析,针对山东省河流(包括山丘区河流、平原区河流、其他特殊河流)、湖泊等类型,分别提出生态流量保障的推荐方案,见表 5-5。

表 5-5　不同类型河湖生态流量保障推荐方案一览

河湖类型		保护对象	保障类型	保障程度	断面设置	监测内容	预警层级	责任主体	实施主体
河流	山区河流	维护河流基本形态	生态水量	75%设计保证率	1个约束断面，多个管理断面	流量、水量	三级或二级	各级人民政府	相关职能部门
	平原河流	维护河流基本形态	生态水位或水深	75%设计保证率	1个约束断面，多个管理断面	水位或水深	二级	各级人民政府	相关职能部门
	其他特殊河流*	维护河流基本形态	生态水位或水深	75%设计保证率	1个约束断面	水位或水深	二级	各级人民政府	相关职能部门
湖泊		维护河流基本形态	生态水位或水深	75%设计保证率	1个约束断面	水位或水深	二级	各级人民政府	相关职能部门

注：其他特殊河流，指难以采用生态流量、生态水量开展保障的山丘区河流、山区平原混合型河流。

第二节　泗河生态流量保障目标评测

一、控制断面

根据《山东省生态流量保障重点河湖名录暨工作方案》(鲁水资函字〔2020〕31 号)要求中控制断面确定的原则,结合水文站点,设置主要控制断面 2 处,1 个考核断面—于庄橡胶坝断面,1 个管理断面—书院水文站断面。

(一)考核断面

于庄橡胶坝断面位于济宁市微山县,于 2019 年建成,为入湖把口断面,可控制泗河流域的全部支流。现状主要监测项目为水位,将来增加流量监测项目。该断面控制流域面积 2 342.6 km^2,占全流域面积的 99.4%,便于监测流域的流量过程,其上游有尼山水库水文站、尹城水库站、龙湾套水库站、华村水库站和贺庄水库站,主要支流有小沂河、仙河、芦城河、济河、黄沟河和漏河等,因此选取于庄橡胶坝断面作为考核断面。

(二)管理断面

书院水文站为泗河干流下游唯一水文站,具有长系列水文数据,对于泗河生态流量保障具有直接和重要的影响,因此选取书院站断面作为管理断面。

书院站断面(E117°,N35.63°)位于山东省曲阜市书院乡书院村,为国家基本水文站,1955 年 7 月设立,控制流域面积 1 542 km^2,主要监测项目为水位、流量等。

二、保障目标

从泗河流域现状来看,未发现明确的指示物种及重要生态敏感区,泗河生态流量保障的总体目标是维持河流基本形态。

(一)保证率确定

根据《山东省生态流量保障重点河湖名录暨工作方案》(鲁水资函字〔2020〕31 号),应分类确定河湖生态流量设计保证率。其中,纳入国家重点河湖名录并由流域机构管理的河湖,按流域机构要求确定;其他河流生态流量保障设计保证率原则上不低于 75%,即来水优于 75%频率年份,全年实测生态水量应超过年总计生态水量指标值。

因此,泗河生态流量保障设计保证率为 75%,即在优于 75%来水频率年份,累计通过断面的水量能够超过确定的生态水量指标。

(二)季节性变化分析

根据书院站实测径流分析成果,书院水文站 1989 年、1990 年、1992 年均出现连续 6 个月以上的断流现象。泗河流域天然径流量年内分配不均,具有明显的丰水期和枯水期。从多年平均天然径流的年内分配情况来看,书院水文站和尼山水库水文站径流量主要集中于 7—9 月,其径流量占全年总径流量的 64.1%~77.6%,为丰水期,10 月至翌年 6 月两个水文站的径流量占全年总径流量的 22.4%~35.9%,为枯水期。

综上可知,泗河属于我国北方有季节性变化的河道,具有明显的丰水期(7—9 月)和枯水期(10 月至翌年 6 月)。为维系河流廊道基本功能,本次确定泗河的生态流量保障以生态水量为目标,重点保障丰水期的生态水量。

(三)生态水量保障目标测算

1. 计算方法

根据《山东省生态流量保障重点河湖名录暨工作方案》(鲁水资函字〔2020〕31 号),根据分析以 1980—2016 年系列采用 Tennant 法和 Q_P 法进行保障目标计算。一般情况下,河流生态水量采用 Tennant 法时,占比以天然径流量相应时段的 10%为基准并依据合理性分析适当修正,原则上最高取 20%、最低取 5%;对于丰枯变化特别剧烈的河流,可达性统计值偏低的,近期可适当降低比例。

根据《水利部关于做好河湖生态流量确定和保障工作的指导意见》(水资管〔2020〕67 号)等相关河湖生态流量保障文件的要求,原则上以 1956—2016 年天然径流系列确定生态流量(水量)目标。根据《第三次山东省水资源调查评价报告》成果,考虑到下垫面变化等情况对天然径流量的影响,1980—2016 年系列具有更好的代表性,因此本次生态水量计算以 1980—2016 年系列采用 Tennant 法和 Q_P 法进行保障目标计算。

2. 生态水量计算结果

泗河干流上设有书院水文站,本书利用书院水文站还原后的天然径流量序列,经水文比拟后获得于庄橡胶坝断面径流量序列,以于庄橡胶坝断面天然径流量进行考核断面生态流量保障指标计算。

1)Tennant 法

保障指标采用 Tennant 法进行计算,占比以 10%为基准并依据合理性分析适当修正。

根据泗河干流书院水文站 1980—2016 年的逐月天然径流量分别按占比 10%、9%、7%、5%进行分析计算。书院水文站控制断面生态水量计算结果见表 5-6。

表 5-6　书院水文站控制断面生态水量计算结果　　单位:万 m³

计算时段		计算项目	Tennant 法计算结果			
			10%	9%	7%	5%
丰水期	7 月	生态水量	800	720	560	400
	8 月	生态水量	839	756	588	420
	9 月	生态水量	442	397	309	221
	小计		2 081	1 873	1 457	1 041
枯水期		生态水量	1 138	1 024	796	568
全年		生态水量	3 219	2 897	2 253	1 609

2)Q_P 法

采用泗河书院站 1980—2016 年的逐月天然径流量,每年选取最枯月径流量组成 1980—2016 年最枯月天然径流系列。对最枯月天然径流系列进行频率分析计算,得出泗河水文站 90%频率下的最枯天然径流量为 0。

3. 可达性分析

根据上述分析计算，采用 Q_P 法计算的90%保证率时书院水文站断面生态水量为0。因此，根据 Tennant 法计算的结果进行可达性和合理性分析，来确定保障目标。

主要依据书院水文站1980—2016年实测径流量数据和扣除中水后数据对书院水文站断面生态水量进行可达性分析，见表5-7。

表5-7 书院水文站断面生态水量目标可达性分析

断面名称	Tennant 法占比/%	径流类型	生态水量满足程度				
			丰水期（各月满足程度）			枯水期满足程度	全年满足程度
			7月	8月	9月		
书院站断面	10	实测径流	73	76	68	86	81
		扣除中水后	68	68	68	76	78
	9	实测径流	76	76	68	86	86
		扣除中水后	73	76	68	76	78
	7	实测径流	78	76	70	89	86
		扣除中水后	76	76	68	84	81
	5	实测径流	81	78	78	97	89
		扣除中水后	78	75	75	84	86

从分析结果来看，书院水文站的实测径流，丰水期 Tennant 法10%占比下各月生态水量满足程度分别为73%、76%和68%；枯水期和全年 Tennant 法各占比下生态水量满足程度分别为86%和81%。

扣除中水后，丰水期 Tennant 法10%占比下各月生态水量满足程度均为68%，枯水期和全年 Tennant 法10%占比下生态水量满足程度分别为76%和68%；丰水期 Tennant 法9%占比下各月生态水量满足程度分别为76%、76%和68%，枯水期和全年 Tennant 法9%占比下生态水量满足程度分别为76%和78%；丰水期 Tennant 法7%占比下各月生态水量满足程度分别为76%、76%和68%，枯水期和全年 Tennant 法7%占比下生态水量满足程度分别为84%和81%；丰水期 Tennant 法5%占比下各月生态水量满足程度分别为81%、78%和78%，枯水期和全年 Tennant 法5%占比下生态水量满足程度分别为84%和86%。

如前文所述，可达性应控制在80%～90%。可以看出，Tennant 法占比为5%时，全年生态水量满足程度为86%。根据调查，书院水文站下游范围内的泗河干流上设置有取水口和排水口（兖州段），现状排水量略大于取水量（接受上游县的部分污水排放），随着中水回用率的提高，排水量将减少。因此，本次选择 Tennant 法，生态水量占比取5%较为合理。

(四)生态水量保障目标确定

利用书院水文站断面的天然径流量按 Tennant 法占比 5%计算的生态水量,经水文比拟后获得于庄橡胶坝断面的生态水量,经计算,于庄橡胶坝断面的生态水量为 1 956 万 m^3。因此,确定泗河生态流量的保障目标是保障于庄橡胶坝考核断面的生态水量,即 1 956 万 m^3。按年度考核,考核期为 1 月 1 日至 12 月 31 日。保障目标见表 5-8。

表 5-8　泗河生态流量保障控制断面目标值一览　单位:万 m^3

断面类别	断面名称	丰水期生态水量				水期生态水量	全年生态水量
		7 月	8 月	9 月	小计		
管理断面	书院水文站断面	400	420	221	1 041	568	1 609
考核断面	于庄橡胶坝断面	486	510	269	1 265	691	1 956

泗河下游断面实测径流量受中水补充影响,使得生态水量保障指标较一般河流要高。后期如有相应的中水利用规划等工程,应对保障指标及时进行调整。

第三节　泗河生态流量保障管控措施

一、管控思路

在泗河水资源、水生态调查评价的基础上,尊重自然规律、生态规律、经济规律,以统筹“三生”为核心,以实现人水和谐为目标,从生态流量监测、调度、预警、监管等方面,制定科学、合理、有效、可操作的泗河生态流量保障管控措施。

二、总体要求

(一)摸清流域区域水资源水生态家底

以流域为单元,深入开展流域水资源水生态现状调查,识别水资源水生态演变特征,摸清流域水资源家底,是进行河流生态流量保障工作的重要基础。

(二)制定行之有效的管控措施

从生态调度、监测、预警、约束等方面制定有效的管控措施,以尽可能地实现生态流量保障目标。

(三)明确生态流量管控责任

根据相关文件要求,明确生态流量的管控责任主体,使生态流量保障工作能够管得住、管得好。

三、管控措施

以流域为单元,开源节流并重,工程建设与管理措施并举,围绕泗河生态流量保障需求,采取综合管控措施。

(一)加强组织领导

充分依托河长制,联合自然资源、生态环境、农业农村、水利等多部门建立省、市、县三级生态流量调度机制,共同参与生态流量保障管理。建立生态流量调度管理制度、监测报送和预警发布制度、信息共享制度;建立生态流量保障协调协商机制,促进不同区域和部门的沟通协商、议事决策和争端解决。

根据生态流量保障工作目标和任务,明确各责任主体职责,各责任主体单位根据职责分工,加强组织领导,明确责任领导和具体负责人,确保各项工作落实到位。加快确立目标合理、责任明确、保障有力、监管有效的河流生态保障机制。

(二)制订保障方案

要制订泗河生态流量保障实施方案,开展监测、预警方案设计,信息管理平台建设,拟定保障职责、机制、制度和方案制订及细化措施等工作。

1. 制订生态流量监测方案

结合监测点位设置地点地形、水文、水利工程设施等条件,针对生态流量监测的需要,提出各点位监测对象、监测内容、监测方法、监测频次、监测设施配置要求。

2. 制订生态流量保障预警方案

针对泗河的特点及生态流量保障的需求,建立相应的预警方案,明确各断面生态流量保障的预警期、预警层级、预警阈值和预警措施。

3. 制订生态流量保障信息管理平台建设方案

按照统一设计、分河建设、分级管理的原则,提出面向泗河生态流量保障的信息管理平台建设方案,融保障断面日常监测、预警管理、调度辅助决策等为一体。

(三)实施统一调度

依托现行泗河水量调度管理机制,将于庄橡胶坝断面生态流量保障纳入其水量调度范畴,在年度水量调度计划实施过程中,水量分配要充分预留生态水量并满足生态流量管控要求。制订泗河年度水量调度计划时,要充分考虑保障于庄橡胶坝断面生态流量保障目标的需要,实施流域干支流水库闸坝联合调度,加强流域内外用水需求管理,优先满足城乡生活用水,合理满足生产用水,切实保障断面生态用水,发挥水资源多种功能。

1. 一般调度管理措施

泗河沿线两市水行政主管部门要根据区域用水总量控制指标和泗河分配水量指标,以及各断面生态流量保障要求,编制年度用水计划建议和工程运行计划建议上报省水利厅有关处室。

依据经批准的泗河水量分配方案、年度预测来水量和沿线拦蓄水工程设施蓄存水量情况,结合各市上报的年度用水计划建议和工程运行计划建议,综合平衡制订泗河年度水量调度计划下达各市水行政主管部门,并报水利部淮河水利委员会备案。

依据制订的泗河年度水量调度计划、当月水量调度执行情况、下月来水预报、月末水库蓄水量和各市上报的月用水计划调整申请等,按照月滚动、年总量控制的原则,制订下月水量调度方案并于当月底前下达。各市水行政主管部门负责将月用水计划下达至沿线各县区。

根据实时水情、雨情、旱情、墒情、拦蓄水设施蓄水量以及取用水等情况，对已下达的月水量调度方案进行调整，必要时下达实时调度指令，优化控制性工程调度方案，管控取用水户取水，确保于庄橡胶坝断面生态保障指标达标。

2. 应急调度预案

省水利厅制订流域水量应急调度预案并组织实施。当遇特枯水年、连续枯水年时，统筹流域内外生活、生态、生产用水，实施上下游水库联合调度，优先保障城乡居民基本生活用水，适度保障河道生态用水。

泗河沿线两市要制定详细拦蓄水、水系连通、调水、节水、用水计量等工程规划，提高丰枯调剂能力，为生态流量应急补水提供基础工程条件，确保河流生态用水得到充分预留，提高生态水量保障程度。

（四）完善考核机制

针对泗河的具体特点，制定详细的泗河生态水量达标考核方法和奖惩政策，完善生态流量保障考核机制。

1. 制定达标评价办法

根据泗河水资源情况，制定针对来水频率优于75%年份的生态流量保障情况的考核办法，分合格、良好、优秀3个等级制定评价标准，进行生态流量达标考核。

2. 制定生态流量保障奖惩政策

针对不同的考核结果，制定相应的奖惩政策，定期通报生态流量保障目标落实情况，并将监督检查结果作为最严格水资源管理制度和河长制湖长制考核的重要依据。

（五）提高退水水质

应全面提高入河退水水质，减少入河污染物总量，进一步提升水功能区水环境质量，促使水功能区水环境质量得到持续提升。

泗河沿线两市继续推进水质提升工程建设，改善水生态环境，为生态流量调度提供良好的水质保障。生态环境部门要按照鲁环发〔2020〕44号文件要求，结合再生水调蓄库塘建设，进一步拦蓄、净化再生水，稳步提升入河退水水质。使中水从质和量两方面成为河流生态水量的重要补充。

第四节　生态流量保障机制研究

生态流量保障，需要开展水量调度，涉及多部门、多环节。山东省在生态流量前期试点过程中，取得了一定的经验，但也发现了很多问题，面临法律支撑不充分、畏难情绪较浓厚、单一部门难实施、责任主体不明确、考核作用难发挥等诸多挑战。显然，生态流量保障，应当坚持机制先行。只有立足山东省基本省情、水情，建立一套适用于区域经济社会发展的生态流量（水量、水位）保障机制，由被动执行向主动作为转变，调动各方积极性，才能更好地做好山东省河湖生态水量（流量、水位）确定和保障工作。

一、重点河湖名录创建机制

采用创建方式引导或推进某一项重点工作在我国早已有之，目前也较为普遍，最常见的如全国文明城市创建、国家卫生城市创建、国家园林城市创建等。2014 年,山东省水利厅、山东省省级机关事务管理局、山东省节约用水办公室也启动了公共机构节水型单位创建工作为全省节水工作揭开了新的篇章。河湖生态流量保障工作在山东既具有挑战性也具有长期性,以重点河湖名录创建的方式来推动,有利于化被动为主动,有利于引导社会参与和支持。

(一)创建原则

通过建立生态流量保障重点河湖名录创建机制,调动各方积极性,引导地方由被动执行向主动作为转变,增强生态流量保障工作的荣誉感,提高生态流量保障工作成效。建议坚持以下原则:

一是坚持生态优先、绿色发展。坚持绿水青山就是金山银山,人与自然和谐共生,将生态优先、绿色发展的理念融入河湖流域生态保护和高质量发展的各方面、全过程。以生态流量保障重点河湖名录创建为手段,以开展生态补偿机制建设为重要抓手,把水资源作为最大的刚性约束,严格控制河湖开发强度,维系河湖生态系统功能,推动形成绿色发展方式和生活方式。

二是坚持全域推进、协同治理。系统考虑山东省河湖流域特点和生态环境保护要求,面向河湖流域,加强整体设计,统筹上中下游建立横向生态补偿机制,分级、分段全面推进河湖生态流量保障工作。突出河湖流域保护的整体性、系统性、协同性,统筹推进,尽快形成流域生态保护修复治理齐抓共管的格局。

三是坚持机制先行、稳步实施。针对河湖自然状况、生态功能、保护需求和开发现状,统筹需要与可能、近期和远期,分类施策,先易后难,把机制建设放在首位,用机制引导建设、机制开拓建设,稳步推进河湖生态流量保障工作。

四是坚持科学考评、激励引导。坚持以河湖生态流量保障逐步向好、用水总量不超限为目标导向,对创建生态流量保障重点河湖进行科学考评,全面客观地反映工作成效,分级授牌,并根据分级结果进行生态补偿和综合激励,做到"早建早奖、早建多奖、多建多奖"。

五是坚持创担并举、自愿创建。原则上省、市、县三级生态流量保障重点河湖名录按照"合格"标准建立,即按照最低标准建立。凡是纳入上级名录的河、湖均为任务性要求,相关责任主体应当主动承担推进相关任务。鼓励各责任主体(创建主体)自愿提高保障标准、扩大河湖名录范围、提前批次开展工作等,均视同创建。建议具体要求在制定的管理办法中予以明确。

(二)主要措施

建议制定《山东省生态流量保障重点河湖名录评价管理办法》,制定配套的评价指标体系和评分标准,明确以下事项。

1. 明确创建主体

生态流量保障重点河湖名录分为省、市、县三级。其中,省级生态流量保障重点河湖名录创建主体以市、县人民政府为主,鼓励市县联合创建。各市、县可结合河湖生态流量现状实际,采取分级分段模式逐步推进生态流量保障重点河湖名录创建工作。

2. 明确创建内容

1)合理确定生态保障目标

针对各市、县河湖生态流量(水量、水位)现状及存在的问题,按照河湖水资源条件和生态保护需求,选择合适的方法计算并进行水量平衡和可达性分析,综合确定河湖生态流量(水量、水位)目标。一般河流应确定生态基流;具有特殊生态保护对象的河流,还应确定敏感期生态流量;天然季节性的河流,以维系河流廊道功能确定生态水量目标;水资源过度开发的河流,可结合流域区域水资源调配工程实施情况及水源条件,合理确定分阶段生态流量目标;平原河网、湖泊以维持基本生态功能为原则,确定平原河网、湖泊生态水位(水量)目标。

2)科学分配河湖可用水量

各市、县要结合用水总量控制指标,通过江河水量分配、地下水管控指标划定等工作,科学分配各地市的地表水可用水量(细化到河流)、地下水可用水量(细化到各县级行政区)、非常规水利用量(下限或占比)。严格落实取水许可制度,从严核定许可水量,对取用水总量已达到或超过河湖可用水量的地区,暂停审批其建设项目新增取水许可。

3)配套完善监测预警体系

各市、县要根据河湖生态流量(水量、水位)管理需要及目标要求,按照管理权限,综合考虑河湖水体空间分布、调度管理要求等,合理选取河湖生态流量(水量、水位)的关键控制性断面,进行监测、预警体系建设。其中,监测体系建设内容主要包括水位监测设施建设和自动化监测数据管理平台建设;预警体系建设主要包括确定河湖生态流量(水量、水位)预警等级和预警阈值,并综合当地水文气象、水利工程水量调度等信息资料,制定监测点位生态流量(水量、水位)预报预警机制。

4)及时开展生态保障调度

依托河(湖)长制平台,把保障生态流量(水量、水位)目标作为硬约束,合理配置水资源,针对河湖生态流量(水量、水位)保障要求,统筹参与调度的水利工程,采用历史数据资料综合确定调度规则,制订生态流量(水量、水位)调度运行方案,明确参与调度的单位及其职责、工作内容与要求,有关调度管理单位应在保障生态流量泄放的前提下,执行有关调度指令。

3. 明确创建标准

结合山东省河湖生态流量(水量、水位)保障工作实际,考虑各市、县在生态流量保障重点河湖名录创建方面所做的工作、努力程度及取得的成效,制定山东省统一的生态流量保障重点河湖名录创建评分标准。建议按生态流量保障技术标准、生态流量保障管理标准两方面制定创建标准,择机专题开展研究,经多方征求意见后讨论确定。

4. 明确创建程序

创建省级生态流量保障重点河湖名录的,建议按申请、评审、核验、公示、批准、授牌等程序组织开展。由创建主体提出申请,要求提出申请等级;自评分达到相应等级标准的,由山东省水利厅会同山东省发展和改革委员会、山东省财政厅、山东省自然资源厅和山东省生态环境厅等相关职能部门共同于每年年底组织一次综合考评,形成初步意见;按初步考评意见,组织专家组进行现场核验;通过现场核验的,经公共平台予以公示;公示无异议的,报主管部门批准,纳入省级名录;获得批准的,按批准的星级等级授牌。

5.明确结果应用

山东省生态流量保障重点河湖名录创建结果由高到低分为三星、二星和一星等3个等级,授予结果利用公共平台予以公示公布,颁发相应的证、牌。各创建主体,按照创建成效享受相应的政策优惠待遇。

生态流量保障重点河湖名录实行弹性动态管理。对于新创建的河、湖,严格考评关口,达标一批,纳入一批;对已纳入名录内的河湖,每两年进行一次复核,根据复核结果予以延续、降级或除名。

二、生态流量保障激励机制

2017年12月,山东省水利厅、山东省财政厅联合印发了《山东省农业水价综合改革奖补办法(试行)》(鲁水农字〔2017〕43号)。这一奖补办法的制定出台,为引导山东省各地加快建立农业用水精准补贴和节水奖励机制,促进农业节水,保障农业水价综合改革有序进行发挥了重要作用。而该文件中提出的补贴和奖励,就是一种典型的激励方式,与监督评价后采取的通报、整改、警告等措施相互配合,更能强化工作力度。在某项挑战性较强工作的初期,为尽快取得突破,更多地采取正向激励措施,容易消除实施人员的畏难情绪,树立先行先试的榜样。现阶段开展重点河湖生态流量保障工作就具备这样的条件,配合前述重点河流名录创建工作,建立激励机制显得十分必要。

(一)激励原则

开展重点河湖生态流量保障激励,建议坚持以下原则:

一是坚持分级与分等相结合。对于纳入某一级重点名录并创建成功的重点河湖,按省、市、县三级,一星、二星、三星三等,制定激励标准。既要体现层次,也要反映共性,做到公平合理。

二是坚持集体与个人相结合。坚持以集体奖励为主,使更多的人从中获得荣誉感;同时,对于生态流量保障过程中做出突出贡献的个人也可给予一定的奖励,激励参与人员攻坚克难、创新思路。

三是坚持奖金与政策相结合。对于直接实施重点河湖生态流量保障并取得实效的个人或集体,给予一定的资金奖励;对于创建成功的重点河湖,在开展水利工程设施建设、水生态环境保护修复及相关基础设施建设时,在立项、补助资金、配套比例要求等方面给予一定的政策倾斜。

(二)主要措施

建议制定《山东省河湖生态流量保障奖补办法》,明确以下事项。

1.明确奖补对象

奖补对象包括为生态流量保障重点河湖名录创建作出贡献的市、县级人民政府及其相关职能部门、企事业单位、个人。

2. 明确奖补形式

奖补采取资金、政策两种形式。其中,对于企事业单位和个人,以资金奖励为主;对于市、县级人民政府及其相关职能部门,以政策奖励为主。省财政设立财政专项奖励资金,每年从水资源税收、水污染防治资金或其他财政资金中安排一定比例资金用于重点河湖生态流量保障激励。

3. 明确奖补标准

本着"早建早奖、早建多奖、多建多奖"的原则制定奖励标准。在资金奖励方面,建议省级给予20万~50万元的奖励;市级给予以10万~30万元的奖励;县级给予5万~15万元的奖励。省、市、县三级再按三星、二星、一星分等。在政府奖励方面,可按三星、二星、一星在后续重点河湖水利工程设施建设、水生态环境保护修复及相关基础设施建设时,在立项、补助资金、配套比例要求等方面给予一定的政策倾斜,具体可分类制定标准。

4. 明确奖补程序

对于资金奖励,按照申请、审核、公示、批准、兑付等程序实施,由生态流量保障重点河湖名录创建主体提出申请,有关省级行政职能部门联合审核、公示、批准、兑付。

对于政策奖励,自重点河湖名录创建成功并正式批准发布之日起,即自动获得相关倾斜性政策。对已纳入名录内的河湖,经复核调整的,其奖励性政策也相应地予以延续、降级或取消。

三、多元横向生态补偿机制

中共中央、国务院于2015年9月印发的《生态文明体制改革总体方案》明确要求,构建反映市场供求和资源稀缺程度、体现自然价值和代际补偿的资源有偿使用和生态补偿制度,着力解决自然资源及其产品价格偏低、生产开发成本低于社会成本、保护生态得不到合理回报等问题。2016年4月,国务院办公厅《关于健全生态保护补偿机制的意见》进一步明确,按照党中央、国务院决策部署,不断完善转移支付制度,探索建立多元化生态保护补偿机制,逐步扩大补偿范围,合理提高补偿标准,有效调动全社会参与生态环境保护的积极性,促进生态文明建设迈上新台阶。同时,该文件要求:研究制定以地方补偿为主、中央财政给予支持的横向生态保护补偿机制办法;鼓励受益地区与保护生态地区、流域下游与上游通过资金补偿、对口协作、产业转移、人才培训、共建园区等方式建立横向补偿关系。可以看出,建立多元横向生态补偿机制是党中央、国务院的战略部署,具有重要的现实意义。

(一)补偿原则

开展多元横向生态补偿,建议坚持以下原则:

一是坚持权责统一、合理补偿。坚持谁受益、谁补偿。科学界定保护者与受益者权利义务,制定与经济社会发展水平相适应的补偿标准体系,建设高效的沟通协调平台,建立受益者付费、保护者得到合理补偿的运行机制。

二是坚持政府主导、社会参与。发挥政府对生态环境保护的主导作用,加强法治保障,拓宽补偿渠道和方式,综合运用经济、法律等手段,加大政府购买服务力度,引导社会公众积极参与。

三是坚持多元推进、横向实施。生态补偿涉及诸多领域和环节,建议多部门联合,围绕水权、排污权、碳排放权等开展多元化补偿探索,在横向范围内建立起切实可行的机制。

四是支持先行试点、逐步推开。通过开展多元横向生态补偿机制试点,积累多方面经验,总结完善后再引导全省重点河湖所在的流域及涉及的县(区)、市,就生态流量(水量、水位)保障目标达成共识,探索建立生态流量保障横向补偿政策体系。

(二)主要措施

1. 建立稳定持续投入机制

多渠道筹措资金,加大生态补偿力度和投入规模。充分利用中央预算内投资,加大对重点生态功能区内的转移支付,重点向基础设施和基本公共服务设施建设的倾斜。省、市两级人民政府建立生态保护补偿资金投入机制,完善各类资源有偿使用收入的征收管理办法,允许拿出一定比例的收入用于开展相关的水生态保护补偿。完善生态保护成效与资金分配挂钩的激励约束机制,加强对补偿资金使用的监督管理。

2. 制定合理生态补偿标准

加快建立生态保护补偿标准体系,完善相关测算方法,制定补偿标准。水生态保护补偿标准的制定,要综合各流域水资源分布的特点、社会经济发展水平、产业布局现状、生态水量保障目标等多方面因素。既要制定通过水权、排污权转让实现补偿的交易标准,也要制定通过评价管理对不达标市、县进行惩罚,对做出牺牲的市、县进行补偿的标准。

3. 完善涉水权益分配交易制度

建立用水权、排污权等涉水权益初始分配制度,鼓励地区间、流域间、流域上下游间通过权益交易实现生态补偿。及时制定出台相关涉水权益交易管理办法,明确交易类型、交易准入条件、交易主体、交易期限、交易价格管理、交易权益保障等内容。

4. 建设多方沟通交易平台

省级层面搭建有助于建立跨行政区河湖生态流量保障横向补偿机制的政府管理平台。加强相关生态监测能力建设,完善重点生态功能区、重点河湖水功能区、生态流量保障控制断面(包括约束断面和管理断面)监测布局和自动监测网络。建立水生态保护补偿统计指标体系和信息发布制度,为多方及时掌握相关信息提供便利条件。建设涉水权益确权登记和网上交易管理系统,强化科技支撑,持续降低交易成本。

5. 开展横向生态补偿试点

2020 年 4 月底,财政部、生态环境部、水利部和国家林草局印发了《支持引导黄河全流域建立横向生态补偿机制试点实施方案》的通知(财资环〔2020〕20 号),要求探索建立黄河全流域生态补偿机制,加快构建上中下游齐治、干支流共治、左右岸同治的格局,推动黄河流域各省(区)共抓黄河大保护,协同推进大治理。建议以此为契机,在引导济南、泰安两市创建大汶河生态流量保障重点河湖名录的基础上,开展大汶河流域多元横向生态补偿机制试点,利用 2 年左右的时间基本完成试点任务,为全省相关机制建设探索经验。

四、流域统一管理调度机制

生态流量保障离不开全流域的调度,建立流域统一管理的调度机制必不可少,并应与现有相关的制度相协调。2019年4月,水利部水利水电规划设计总院有关通知在说明生态流量保障与河长制湖长制的关系时指出:生态流量(水量)保障等措施,应纳入主要控制断面对应河段(湖泊)的河长制湖长制有关工作任务中。2020年4月,《水利部关于做好河湖生态流量确定和保障工作的指导意见》(水资管〔2020〕67号)在强化流域水资源统一调度管理时指出:流域管理机构或地方各级水行政主管部门应把保障生态流量目标作为硬约束,合理配置水资源,科学制订江河流域水量调度方案和调度计划。在强化监督考核时进一步指出:建立河湖生态流量评估机制,将河湖生态流量保障情况纳入最严格水资源管理制度考核。由此可见,河湖生态流量保障调度工作并不应该是孤立的事务,要融入河长制湖长制以及最严格水资源管理制度的有关工作任务中,成为水资源配置、水利工程运行、防洪排涝等众多调度任务中的有机组成部分。

(一)调度原则

围绕河湖生态流量保障建立流域统一管理的调度机制,建议坚持以下原则:

一是坚持以流域为单元统一调度的原则。以流域为单元,在充分掌握水文水资源条件、水资源开发利用状况、水利工程建设与运行等多方面信息的基础上,针对生态流量保障的需求开展调度。

二是坚持与河长制湖长制统筹调度的原则。要依托已建立的河长制、湖长制,把生态流量保障调度纳入相关机构的日常工作,切实提高调度效率和成效。

三是坚持多工程设施联合调度的原则。坚持拦、蓄、引、调、补等多种工程设施联合调度,持续提高生态流量保障调度效率和效益,降低调度代价。

(二)主要措施

生态流量保障调度要立足于河、湖所在流域实际,针对保障需要开展实时的多层级调度。为此,建议设立流域生态流量调度机构联合领导机构,进一步完善生态流量调度工程体系,健全分级调度准则,运用综合手段强化水资源刚性约束。

1. 建立流域生态流量调度机构

充分依托河长制、湖长制推进成立的各级机构,建议以流域为单元建立省、市、县三级生态流量调度机构,能够联合自然资源、生态环境、农业农村、水利等多部门共同参与调度管理。该机构可以独立运行,也可以挂靠已有机构运行,但要确保各级调度有人负责,调度指令有人执行,调度效果有人检验。

2. 完善生态流量调度工程体系

要把生态流量调度工程体系建设纳入河湖综合治理的范畴,各类治理工程设施建设要主动为生态流量调度提供支撑。为此,要继续完善流域拦蓄水工程设施建设,继续扩大雨洪资源利用规模,为生态流量调度储备基本的水源;要继续推进河湖水系连通工程和调水工程建设,提高丰枯调剂能力,为生态流量应急补水提供基础工程条件;要继续推进河湖水资源保护和水质提升工程建设,改善河湖水生态环境,为生态流量调度提供良好的水质保障;要继续加强流域节水工程建设,全面提高用水效率,并把节约的水量科学地还河、还湖,提高生态水量保障程度;要继续加强河湖取用水计量工程设施建设,实施行业用水总量控制,确保河湖生态用水得到充分预留。

3. 健全分级生态流量调度准则

建议以流域为单元,针对生态流量保障目标建立分级调度准则。所谓分级调度,既要考虑省、市、县不同层级的调度准则,也要考虑生态流量保障目标、预警应对措施等不同等级的调度准则。所谓的准则,是指要明确调度的措施类型、纳入调度的工程范围、调度响应机制等。

4. 进一步强化水资源刚性约束

按照水利部要求,做好流域、河湖等的水量分配工作,给生态环境用水做好预留;加强总量控制与定额管理,千方百计管住用水,坚决压减不合理用水,有效遏制社会总需水量过快增长;建立更加严格有效的约束机制,从取、用、耗、排等各个环节发挥水资源的刚性约束作用。

五、部门联合协同推进机制

对于加强部门协作,共同推进河湖生态流量保障工作,多个文件都作了要求,例如《水利部办公厅关于开展全国生态流量保障重点河湖名录编制工作的通知》(办资管〔2020〕64 号)要求,强化部门协作,听取相关部门对重点河湖名录的建议,协同推进生态流量目标确定和保障工作;《水利部关于印发第一批重点河湖生态流量保障目标的函》(水资管函〔2020〕43 号)要求,各有关省(自治区、直辖市)人民政府依据有关规定,组织有关职能部门抓好生态流量保障目标的落实,强化地方河湖生态流量管理责任,完善生态流量监管体系。对于健全生态保护补偿机制、开展生态补偿,国家有关文件也明确了加强部门协作的要求,例如《国务院办公厅关于健全生态保护补偿机制的意见》(国办发〔2016〕31 号)明确要求建立由国家发展和改革委员会、财政部会同有关部门组成的部际协调机制;《财政部、生态环境部、水利部和国家林草局〈支持引导黄河全流域建立横向生态补偿机制试点实施方案〉的通知》(财资环〔2020〕20 号)也明确,四部门负责推进生态补偿建设,根据各自职责分工,强化对地方试点工作业务指导。可见,建立多部门联合的协同推进机制是一种常见的做法。河湖生态流量保障工作涉及任务繁杂、领域众多,建立多部门协同推进机制势在必行。

(一)协同原则

建立河湖生态流量保障多部门联合协调推进机制,建议坚持以下原则:

一是坚持以职责内分工为基础的原则。按照各级人民政府规定的部门职能,明确事权、责任,合理分工。

二是坚持以阶段性目标为导向的原则。以完成阶段性目标为导向,尽最大可能地求同存异,以此为共同遵循,开展具体协作事务。

三是坚持以协作性事项为优先的原则。坚持把协作性事务摆在优先级,为其他部门开展工作创造便利条件。

(二)主要措施

生态流量保障涉及多部门、多环节,仅仅靠某一部门无法完成。遵循上述原则,为更好地开展重点河流生态流量保障工作，建议设立联合领导机构，进一步明确相关职能部门的分工，建立高效的协调推进运行机制。

1. 设立联合领导机构

山东省政府对全省重点河湖生态流量保障工作负总责，建议成立山东省重点河湖生态流量保障领导小组，山东省政府分管领导同志任组长，省发展和改革委员会、财政厅、水利厅、自然资源厅、生态环境厅为成员单位。领导小组办公室设在省水利厅，各成员单位明确分管领导及联系人。

2. 明确职能部门责任

山东省发展和改革委员会、财政厅、水利厅、自然资源厅及生态环境厅等根据各自职责分工，强化对各市、县工作业务指导，深入推进各项重点任务，联合对生态流量保障工作成效进行考评，对相关补偿和激励机制进行完善。其中，山东省发展和改革委员会负责安排相关生态流量建设项目，制定生态流量保障改革意见等相关倾斜性激励政策；山东省财政厅负责设立相关专项资金，并对财政性资金进行监督管理；山东省水利厅负责生态流量保障日常监管工作，组织开展河湖生态流量（水量、水位）监测，定期通报保障目标落实情况；山东省自然资源厅负责完成流域或区域水资源的基础调查，组织开展水资源分等定级价格评估；山东省生态环境厅负责河湖水环境质量监测，保障入河湖退水达到水功能区要求，并逐步提高退水水质标准。

3. 建立高效运行机制

建议市、县两级政府也建立健全领导体制和工作机制，主要负责人亲自抓，把握好方向和路径，通过建立多部门联席会议或联合办公机制加强工作指导和协调；针对重点河湖，结合实际制订具体保障实施方案，确保各项保障措施落到实处。

第六章　季节性河流生态复苏措施配置技术

受目标设定、考核要求、投入限额等多种因素制约，在开展河湖生态复苏时并不能过于自由地推进所有的措施，反而要进行必要的取舍。所谓的措施配置，就是围绕近期河湖生态复苏目标，遵循以水定河等目标，合理配置工程措施和非工程措施，从而以尽可能小的代价取得尽可能高的复苏成效。本书以泗河为例，介绍季节性河流面对生态复苏目标所可能开展的措施配置工作。

第一节　复苏总体思路

一、指导思想

深入贯彻习近平生态文明思想，完整、准确、全面贯彻新发展理念，坚持“节水优先、空间均衡、系统治理、两手发力”治水思路，加强“水资源、水生态、水环境、水安全”四水统筹，追根溯源、系统治理、靶向治疗，聚焦河道问题，加强水资源节约保护和优化配置，推进流域水资源统一调度，强化生态流量（水量）管理，综合施策，复苏河流生态环境，维护健康生命，让泗河永葆青春活力，实现人水和谐共生。

二、基本原则

（一）以水定河，分步复苏

坚持落实“四水四定”要求，以河流水资源禀赋条件和水文特征为最根本的基础，科学确定复苏目标，分步推进，通过河流水体生态环境的复苏促进人水和谐共生。

（二）流域单元，系统治理

以流域为单元，统筹上下游、左右岸、干支流，地表水和地下水，生活、生产和生态用水，预防和治理要求，综合各类设施建设，实施系统治理，有序推进生态环境复苏。

（三）梯级拦蓄，统一调度

强化干流上下游水库、拦河闸坝的一体化管理，根据各河段来水变化情况，充分发挥水库、闸坝拦蓄作用，增强径流调节能力，通过工程统一调度为复苏创造有利条件。

（四）全面保障，机制优先

加快建立保障泗河复苏行动“责任明确，监管得力”的长效机制，坚持把机制建设作为复苏工作的关键环节和优先工作，确保泗河复苏工作稳步推进。

（五）落实责任、协同监管

充分发挥各级河湖长作用，由各级水行政主管单位牵头负责，同时坚持多部门联动、协同推进，强化流域治理管理和区域协作；落实各级地方主体责任，加强督导指导，确保河湖复苏各项目标任务落地见效。

三、复苏行动范围与水平年

针对开展母亲河复苏行动的河(湖)实际,明确复苏措施涉及的河(湖)上下游、干支流的总河长,以及流域区域范围。

一般母亲河复苏行动近期水平年为2025年,远期水平年为2035年,具体也可结合实际确定。

四、复苏行动目标与控制指标

(一)复苏行动目标

水利部要求:明确断流河流萎缩干涸湖泊修复总目标及分年度目标。考虑河湖流域水资源条件、工程条件和生态保护需求,对断流河流提出河流恢复有水河长、河道全线过流、维持一定生态水量、保障生态基流及敏感期生态流量等适宜的量化目标;对萎缩干涸湖泊提出湖泊水位维持、湖泊水面恢复、水动力条件提升等适宜的量化指标。主要指标包括河流主要控制断面生态流量(水量)、恢复有水河长及时长,湖泊生态水位、水面面积等。

鉴于山东省特有的水资源条件、工程条件和河流生态保护要求,进一步提出通过综合施策,实现"四"河共建的设想,即努力把母亲河复苏成为流动的母亲河、平安的母亲河、洁净的母亲河、文雅的母亲河,使之成为永葆青春生命的母亲河。

1. 流动的母亲河

通过退还挤占、超采治理、管控泄放、水系连通、生态补水等措施,让母亲河能够达到生态流量(水量、水位)基本要求,人为因素引起的断流、干涸现象得到有效控制,并能实现一年内较长时期能够保持水体流动,即流动的母亲河。

2. 平安的母亲河

通过岸线保护、取退水设施管控、堤防体系建设等措施,让母亲河既能保障岸线长期稳定与自然形态的安全,也能实现安全行洪且满足沿线区域防洪要求,即平安的母亲河。

3. 洁净的母亲河

通过湿地生境、河湖水质保护等措施,让母亲河水体常年保持洁净,地表Ⅲ类水体以上比例达到较高水平,沿线生活、生产取水水质得到有效保障,水生态系统实现良性循环,即洁净的母亲河。

4. 文雅的母亲河

通过引导形成具有地方特色的文化建设主题,开展与河流文化特质相匹配的艺术构(建)筑物、景点、景区等措施,让母亲河能够承载当地水生态文化内涵,即文雅的母亲河。

(二)控制指标

根据复苏目标,以科学表征流动、平安、洁净、文雅为出发点,按照系统性、代表性、可操作、可考核等原则,提出控制性指标(见表6-1)。

表 6-1 河湖复苏控制指标及目标一览

指标类别	指标名称	指标说明	单位	远期目标值
流动的母亲河	控制断面生态流量(水量、水位)保障达标率	控制断面实测生态流量(水量、水位)达到其相应的保障目标的程度	%	100
	断流天数*	控制断面年内发生断流的天数	d	≤30
	断流河长占比*	年内发生断流的最大河长占总河长的比例	%	≤10
平安的母亲河	5 级及以上河湖堤防达标率	5 级及以上堤防达标长度占比	%	100
	河湖岸线稳定性占比	稳定性岸线长度占总岸线长度的比例	%	100
洁净的母亲河	地表水达到或好于Ⅲ类水体比例*	地表水环境质量监测断面水质达到或优于Ⅲ类地表水质量标准的占比	%	≥90
文雅的母亲河	特色水文化主题	形成了与母亲河融合的地方特色水文化主题	—	有
	代表性景点景区	建成能够反映特色水文化主题的景点、景区	—	≥1

注:加*的指标,远期指标控制值可根据具体情况进行调整确定。

市、县各级开展河湖生态复苏时,可根据实际情况,在表 6-1 的基础上合理调整相关控制性指标。近期控制指标值在现状基础上,部分或全部要有明显提升,其中生态流量(水量、水位)指标值应优先达标;远期所有控制指标应达到复苏最终目标。

第二节 泗河生态复苏行动方案

一、复苏行动目标与任务

(一)目标

泗河复苏行动目标,结合山东省实际,采用生态水量的方式设定。其中,管理断面书院水文站和考核断面于庄橡胶坝,过流生态水量分别达到 1 594 万 m^3 和 1 609 万 m^3 以上,设计保证率达到 75%。具体来说:优于 75%来水频率年份值时,累计通过各断面的水量应超过其确定的生态水量指标;劣于 75%来水频率年份值时,累计通过各断面的生态水量保证程度可酌情破坏,但允许破坏深度应不大于 50%。

(二)任务

泗河复苏行动的任务是,干流生态水量得到基本保障,至2025年底建立较为完善的监管机制,断流现象得到有效控制。其中,2023年完成于庄橡胶坝断面达到生态水量目标要求,2024年完成于庄橡胶坝至横河橡胶坝14.7 km河段复苏。

二、复苏行动方案

(一)行动思路布局

泗河复苏行动的思路是,以河道干流为复苏主体,以考核断面、管理断面生态水量保障为主要标志,以控制性拦蓄水工程设施调度为主要途径,以监测预警为辅助手段,以流域内水资源综合管理为保障。

泗河复苏行动空间布局是,在全流域内开展主要大中型水库及干流拦河闸坝的泄放工程设施完善、水量调度及监控等工作,辐射推进水资源综合管理措施。

(二)行动配置措施

泗河复苏行动的主要措施是,以建立泗河干流闸坝工程统一调度机制为核心,协同开展管控泄放、空间管控、退还挤占和监管评估等措施。

1. 实施闸坝统一调度

1)建立水量调度管理机制

省级水行政主管部门负责监督主要控制断面、重点控制工程下泄水量和生态水量指标完成情况。省流域管理单位负责泗河水量年度调度计划执行的日常调度,采取月调度计划、实时调度指令相结合等调度方式,对重要控制性工程直接下达调度指令或协调相关部门、单位实施调度。

济宁、泰安有关部门依据水量调度方案(区域实施方案)、水量年度调度计划,根据实时雨情、水情、工情及用水需求等情况,按照调度管理权限负责下达本行政区域内河流相关闸坝、水库的调度指令。水库、闸坝等水工程运行管理单位根据调度运行计划或上级调度指令,对管辖工程实施调度。

2)科学纳入调度工程设施

围绕泗河复苏目标,科学纳入参与水量调度的拦蓄水调蓄。一是已建的贺庄水库、华村水库、龙湾套水库、尼山水库和尹城水库等5座大中型水库;二是已建的黄阴集闸、泗水大闸、东阳橡胶坝、临泗橡胶坝、红旗闸、泗滨橡胶坝、书院橡胶坝、陈寨橡胶坝、龙湾店气盾闸、淄阳橡胶坝、金口坝、城东橡胶坝、城南橡胶坝、横河橡胶坝和于庄橡胶坝等干流上的15座拦河闸坝;三是干流上年取水量50万 m^3 以上的取水口;四是在建和规划新建的干流拦河闸坝,建设完后统一纳入调度管理。

3)制定水量调度基本准则

针对泗河复苏特点,实施复苏水量调度,应遵循“水量统一调度、闸坝统筹管理,明确断面责任,分级协同实施”的原则。一是要结合天气预报与闸坝调蓄能力,考虑不同来水频率的调度目标,结合防洪需要泄放生态水量;二是要坚持先干流后支流、由近而远,即坚持干流工程级别高于支流工程级别,距离目标断面近的工程级别高于距离目标断面远的工程级别的原则,实施调度时,优先从级别高的水源工程开展统一启闭,依次递推。

4) 出台闸坝调度管理办法

制定《泗河复苏闸坝调度管理办法》,明确泗河干流拦河闸坝水量调度范围、调度原则、调度条件、调度权限、保障措施等,有效保障泗河复苏目标的实现。

2. 落实闸坝管控泄放

1) 完善拦水工程泄水设施

泗河干流上纳入统一调度管理的15座拦河闸坝,部分闸坝无生态流量泄放设施,无法精准把控泄水量,不利于闸坝统一调度,应尽快完善拦水工程泄水设施。金口坝坝体为浆砌石坝,坝下有泄水箱涵,无调蓄功能,因此需进一步完善泄放设施,以便于生态水量的合理调度。于庄橡胶坝现状无法监测小流量,应尽快完善小流量监测设施,并做好后期的维护工作,以保障泗河生态流量的精准泄放。

2) 确定拦河闸坝泄放基流

对纳入统一调度管理的15座拦河闸坝,合理确定工程生态流量目标,并分析其合理性、可达性,以及与书院水文站断面(管理断面)和于庄橡胶坝断面(考核断面)等主要控制断面生态水量保障目标及复苏目标的协调性。

3) 摸清逐级工程流量关系

通过开展泗河干流上各级拦河闸坝,特别是上下游相邻拦河闸坝的泄放流量之间的关系研究,弄清区间来水、上游闸坝泄水与下游闸坝泄水之间的关系,形成不同流量时间关系曲线,为泗河下泄水量、生态水量、复苏水量的调度提供科学依据,提高水量调度效率。

3. 加强空间保护管控

1) 强化涉水生态空间保护

加强涉水生态空间保护,实施涉水生态保护红线区和限制开发区分区管控。制定水生态保护红线区正面准入清单和限制开发区负面准入清单。正、负面清单制定出台后及时向社会公布,并根据管理需要定期调整完善。

涉水生态保护红线区依据生态保护红线管控相关办法进行严格管控,严禁任意改变用途,制定生态保护红线正面准入清单,将红线区范围内不可替代的重要防洪、供水等民生水利工程,研究纳入正面清单。对生态保护红线区外的其他涉水生态空间原则上设置为限制开发区,制定负面准入清单进行管控。纳入限制开发区的涉水生态空间范围,通过日常巡查和定期影像监控等手段加强空间管理,对发现纳入负面准入清单的行为开展立查、立停、立改。

2) 强化岸线空间功能管控

对于合理划分的岸线保护区、保留区、控制利用区和开发利用区,严格管控开发利用强度和方式。严格按照法律法规以及岸线功能分区管控要求等,对跨河、穿河、穿堤、临河的桥梁、码头、道路、渡口、管道、缆线、取水、排水等涉河建设项目,遵循确有必要、无法避让、确保安全的原则,严把受理关、审查关、许可关,不得超审查权限,不得随意扩大项目类别,严禁未批先建、越权审批、批建不符。河道管理范围内的岸线整治修复、生态廊道建设、滩地生态治理、公共体育设施、渔业养殖设施、文体活动等,依法按照洪水影响评价类审批或河道管理范围内特定活动审批事项办理许可手续。严禁以风雨廊桥等名义在河道管理范围内开发建设房屋。城市建设和发展不得占用河道滩地。光伏电站、风力发电等项目不得在河道、水库内建设。在水库库汊建设光伏、风电项目的，要科学论证，严格管控，不得布设在具有防洪、供水功能和水生态、水环境保护需求的区域，不得妨碍行洪通畅，不得危害水库大坝和堤防等水利工程设施安全，不得影响河势稳定和航运安全。对河道管理范围内的耕地，原则上，对位于主河槽内、洪水上滩频繁、水库征地线以下的不稳定耕地，应有序退出；对于确有必要保留下来的耕地及园地，不得新建、改建、扩建生产围堤，不得种植妨碍行洪的高秆作物，禁止建设妨碍行洪的建筑物、构筑物。严禁以各种名义非法围垦河道。

4. 推进水量退还挤占

1）严格河流水量分配管理

按照“丰增枯减”的原则确定流域涉及地市的年度水量分配指标，泗河流域涉及的地市应严格按照山东省水利厅下发的有关泗河计划用水管理、水量调度方案、年度水量调度计划等，取用泗河地表水，确保满足生态水量和复苏目标要求。加强对泗河干流沿线取水口的管理，杜绝超计划取水、超强度取水。严格对各类违规取水行为的监管，提高惩治力度。

2）推行区域配水规划论证

参照《中华人民共和国黄河保护法》，根据“以水定城、以水定地、以水定人、以水定产”的原则，泗河流域内国民经济和社会发展规划、国土空间总体规划的编制以及重大产业政策的制定，应当与水资源条件和防洪要求相适应，并进行科学论证；工业、农业、畜牧业、林草业、能源、交通运输、旅游、自然资源开发等专项规划和开发区、新区规划等，涉及水资源开发利用的，应当进行规划水资源论证；未经论证或者经论证不符合水资源强制性约束控制指标的，规划审批机关不得批准该规划。

5. 开展监测预警评估

1）加强生态流量日常监测

（1）完成监测设施维护升级。针对断面特点和已有监测设施、监测项目等问题，明确监测设施维护、建设和更新改造的内容，确保监测项目和精度满足复苏评价要求。

（2）完善取水口监测计量。泗河干流于庄橡胶坝以上年取水量50万m^3以上的所有取水口均纳入监测范围。监测范围涉及地市应在山东省水文中心的指导下对以上所有取水口安装在线水量监测设施，监测数据与山东省水文中心、山东省水利厅共享。

（3）建立水量监测制度。统一部署建立泗河复苏水量监测制度，并由市级水文中心实施。要依据属地原则，根据断面类型和监测要求，明确具体的监测项目、频次和责任单位、责任人。各监测站点要做好监测数据的记录、整理和上报工作，当开展流量调度、年度和专项监督时做好配合事宜，必要时加大测量次数。

2）完善水量调度预警机制

（1）预警阈值。预警阈值按照基本生态水量目标值基线累积水量的90%～100%、80%～90%和小于80%设置蓝色预警、橙色预警和红色预警。

（2）预警触发条件。设置预警触发条件，触发预警后，要结合未来可能发展的趋势综合判断，决定是否发布预警信息。对于偶然因素引起的流量变化，虽然触发预警条件，也应该谨慎发布预警信息,避免引起误解。

(3)预警信息响应措施。监管责任主体要根据断面以上水利工程蓄水、来水以及取用水情况,制定相应的预警信息响应措施。

3)健全河流复苏评估机制

(1)评价时段。泗河复苏按年度进行评价。评价时段为1月1日至12月31日。

(2)评价标准。泗河复苏年度评价,实施期内主要考核各项任务措施完成情况。实施期后,以考核断面实测流量为主要依据,经与复苏目标进行比对,确定达标等级。具体分为优秀、良好、合格及不合格等4个等级。

(3)数据采集。泗河复苏评价所需的年度水量及断流天数数据,由山东省水文中心负责收集、整理、审核后提供。每月10日之前,济宁市水文中心将经过审核的有关断面监测数据上报山东省水文中心。每年1月底前,山东省水文中心提供经过审核并符合整编要求的数据上报山东省水利厅。

(4)责任认定。对于评价结果为"不合格"的,应综合分析各参与调度的断面监测数据,"自下而上"分析,追溯不达标的河段、时段,明晰原因,科学研判,认定责任。

(5)结果应用。母亲河复苏评价结果,作为对各市落实最严格水资源管理制度考核的重要依据。其中,年度评价等级为"优秀"的,对相关责任单位予以通报表扬;年度评价等级为"不合格"的,相关责任单位要组织开展成因分析,查找存在的问题,提出整改方案和具体措施,并将落实总结情况逐级向山东省水利厅提交书面报告。

第三节 复苏阶段成效

一、实施达标情况

根据山东省水文中心及各地市提供的2023年1月1日至10月31日泗河于庄橡胶坝断面逐日实测流量情况,径流量均达到生态水量保障目标,见表6-2。

表6-2 泗河控制断面径流量与生态水量目标对比 单位:万 m^3

控制断面	水量	丰水期生态水量				枯水期生态水量	全年生态水量
		7月	8月	9月	小计		
于庄橡胶坝	生态水量目标	486	510	269	1 265	691	1 956
	径流量	3 309	5 949	1 132	11 390	2 173 (1—6月、10月)	13 563 (1—10月)

根据水利部要求,重点围绕河流恢复有水河长、关键断面过流情况、生态流量保障等,对照《2023年母亲河复苏行动成效评估指标》并选取生态流量(水量)满足程度及提高比例、恢复有水河长时长、河道断流天数减少天数及比例、河流全线贯通次数等评估指标,开展工作成效评估,见表6-3。

通过评估可以看出,泗河生态流量满足程度有所提高,提高比例达11%;恢复有水河长时长(按全部生态水量控制断面在同一天内均有径流统计相应的河长及对应的时长)达60 km和181 d;断流天数比历史最大断流均有明显减少,减少比例为66%;河流全线贯通次数(按河流全部生态水量控制断面在同一时段内均有径流统计)达7次之多。

表6-3 泗河生态复苏行动阶段成效评估分析

评估指标			评估结果
生态水量	满足程度/%	2023年(1—10月)	100
		1980—2021年平均	90
	提高比例/%		11
恢复有水河长、时长			60 km、181 d
河流断流天数	断流天数/d	2023年(1—10月)	123
		历史最大断流天数	365
	断流减少天数/d		242
	减少比例/%		66
河流全线贯通次数/次			7

注:1. 恢复有水河长时长(km、d)按全部生态水量控制断面在同一天内均有径流统计相应的河长及对应的时长;
2. 2023年(1—10月)断流天数按全部生态水量控制断面中最大断流天数统计;
3. 河流全线贯通次数(次)按河流全部生态水量控制断面在同一时段内均有径流统计。

二、方案合理性分析

通过分析阶段性复苏达标情况,可以看出制订的复苏行动方案是合理的,主要表现在以下3个方面。

(一)行动目标切合实际

泗河是北方典型的季节性河流。降水量年际变化剧烈,有明显的丰、枯水交替出现的特点;降水量年内分配很不均匀,主要集中在6—9月。干流发生断流现象,降水径流的季节性特征是主因。因此,复苏行动方案根据河流实际情况,采用生态水量的方式设定复苏目标是科学合理的,也是可行的。

(二)行动思路合理可行

考虑到降水径流的季节性特征,拦蓄工程调度不统一、监督管理不充分等原因,泗河生态复苏行动的思路是以河道干流为复苏主体,以考核断面、管理断面生态水量保障为主要标志,以控制性拦蓄水工程设施调度为主要途径,以监测预警为辅助手段,以流域内水资源综合管理为保障。行动思路逻辑清晰,措施配置科学,合理可行。

(三)行动措施便于操作

复苏行动措施通过以建立水量调度管理机制、科学纳入调度工程设施、制定水量调度基本准则、出台闸坝调度管理办法等方式的统一调度机制为核心,协同开展管控泄放、空间管控、退还挤占和监管评估等措施。措施的可操作性强,能有效支撑复苏目标与任务。

三、初步经验做法

通过泗河生态复苏行动阶段性总结，可以形成以下初步经验。

（一）政府主导是母亲河复苏的关键

母亲河复苏行动通过实施退还挤占、治理超采、优化调度、管控泄放、水系连通、生态补水、空间整治、强化监管等一系列措施，让河流流动起来，事关生态安全和广大群众的公共利益，要坚持政府主导，发挥宏观协调的作用。

（二）部门协同是母亲河复苏的前提

母亲河复苏行动涉及多部门、多环节，很多事关区域和部门利益，事关单位和个人责任，管理的时效性强，只有通过部门协同才能确保相关措施有效推进，要求得以落实。

（三）顶层设计是母亲河复苏的基础

母亲河复苏行动，没有成熟的经验可借鉴，更没有成功的案例可参照，复苏目标如何确定、如何预警、如何监管、如何调动各方积极性等一系列问题需要研究和探索。只有做好顶层设计，才能确保生态流量试点工作得以顺利实施。

（四）现实条件是母亲河复苏的依据

山东省河流具有明显的北方季节性特点，且受人类活动影响断流问题更为突出，给母亲河复苏带来了极大的挑战。母亲河复苏目标的制定、保障程度的确定等都要以现实条件为主要依据。

（五）信息技术是母亲河复苏的支撑

实施母亲河复苏行动，传统的技术手段无法满足要求，只有加大新技术的应用，才能实现监测数据的自动采集、自动预警和调度辅助管理，提高工作效率、保证复苏成效。

第七章　季节性湖泊生态水位管控技术

峡山湖也即峡山水库,是山东省的第一大山区水库,在拦蓄潍河流域地表径流的同时,还可以引调黄河水源,为潍坊市主城区及周边区域提供了不可或缺的水源,目前已被确定为胶东半岛重要的调蓄水源地,其生态地位日益凸显。虽然该水库兴利库容达5亿 m^3 以上,但仍不能摆脱水文季节性变化的命运,历史上已多次发生干涸现象。因此,制定峡山湖生态水位并开展预警和管控管理,具有重要的现实意义。

第一节　生态水位确定

一、生态水位的定义

对于水库、湖泊而言,生态水位被认定为其水生态系统基本功能不严重退化所需维持的最小水位。鉴于峡山水库的自然特点和拦蓄水规模,本次按湖泊类型确定其生态水位。

二、生态水位的确定方法

目前,湖泊生态水位的确定方法主要有3种,即天然水位资料统计法、湖泊形态分析法和生物空间最小需求法,适应范围略有不同。

(一)天然水位资料统计法

在天然情况下,湖泊水位发生着年际和年内变化,会对生态系统产生扰动,但是天然情况下的低水位对生态系统的干扰在生态系统的弹性范围内,并不影响生态系统的稳定。因此,可以将天然最低生态水位作为湖泊最低生态水位。此方法需要确定统计的最低水位的种类。最低水位可以是年内瞬时最低水位、年内日均最低水位、年内月均最低水位、季节最低水位等。对吞吐型湖泊,枯季湖水位日内变化很小,因此可采用日为统计时段,无须采用瞬时最低水位。

湖泊最低生态水位表达式如下:

$$Ze_{\min} = \min(Z_{\min 1}, Z_{\min 2}, \cdots, Z_{\min i}, \cdots, Z_{\min n}) \tag{7-1}$$

式中:$Ze_{\min}$ 为湖泊最低生态水位;min( )为取最小值的函数;$Z_{\min i}$ 为第 i 年最小日均水位;n 为统计的水位资料系列长度。

由于湖泊年最低水位是随机变量,因此统计的水位资料系列越长,湖泊最低生态水位的代表性越好。一般统计的湖泊水位系列长度应该覆盖湖泊水位年际变化的一个完整长周期。流量历时曲线法在计算生态需水时要求统计系列长度不少于20年,这是一个可以参考的长度。

(二)湖泊形态分析法

湖水和湖泊地形构成了湖泊最基础的部分。要维持湖泊自身的基本功能,必须使湖水和湖泊地形子系统的特征维持在一定水平。因此,可以将维持湖水和湖泊地形子系统功能不出现严重退化所需要的最低水位作为最小生态水位。湖泊生态系统服务功能均和湖泊水面面积密切联系。因此,用湖泊面积作为湖泊功能指标。

采用实测湖泊水位和湖泊水面面积资料,建立湖泊水位和 dF/dZ 关系线,其概化示意见图 7-1。

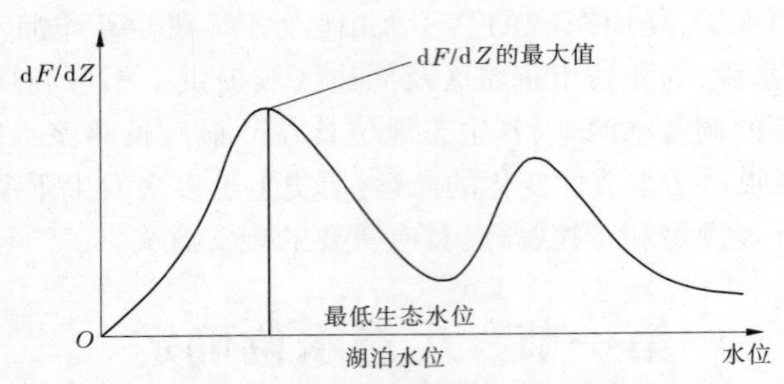

图 7-1　湖泊水位和湖泊面积变化率关系概化示意

(注:图中 F 为湖泊水面面积;Z 为湖泊水位)

随着湖泊水位的降低,湖泊水面面积随之减小。由于湖泊水位和水面面积之间为非线性的关系。当水位不同时,湖泊水位每减小一个单位,湖面面积的减小量是不同的。在 dF/dZ 和湖泊水位的关系上有个最大值。最大值相应湖泊水位向下,湖泊水位每降低一个单位,湖泊水面面积的减小量将显著增加,也即,在此最大值向下,水位每降低一个单位,湖泊功能的减小量将显著增加。如果水位进一步减小,则每减小一个单位的水位,湖泊功能的损失量将显著增加,是得不偿失的。湖泊水位和 dF/dZ 可能存在多个最大值。由于湖泊最低生态水位是湖泊枯水期的低水位,因此在湖泊枯水期低水位附近的最大值相应水位为湖泊最低生态水位。如果湖泊水位和 dF/dZ 关系线没有最大值,则不能使用本方法。

湖泊最低生态水位用下式表达:

$$F = f(Z) \tag{7-2}$$

$$\frac{\partial^2 F}{\partial Z^2} = 0 \tag{7-3}$$

$$(Z_{\min} - a_1) \leqslant Z \leqslant (Z_{\min} + b_1) \tag{7-4}$$

式中:$Z_{\min}$ 为湖泊天然状况下多年最低水位,m;a_1 和 b_1 为和湖泊水位变幅相比较小的一个正数,m。

联合求解式(7-2)~式(7-4)即可得到湖泊最低生态水位。

(三)生物空间最小需求法

用湖泊各类生物对生存空间的需求来确定最低生态水位。湖泊水位和湖泊生物生存空间是一一对应的,因此用湖泊水位作为湖泊生物生存空间的指标,湖泊植物、鱼类等为维持各自群落不严重衰退均需要一个最低生态水位。取这些最低生态水位的最大值,即为湖泊最低生态水位,表示为

$$Ze_{\min} = \max(Ze_{\min 1}, Ze_{\min 2}, \cdots, Ze_{\min i}, \cdots, Ze_{\min n_e}) \tag{7-5}$$

式中：$Ze_{\min}$ 为湖泊最低生态水位，m；$Ze_{\min i}$ 为第 i 种生物所需的湖泊最低生态水位，m；n_e 为湖泊生物种类；i 等于 $1 \sim n_e$。

湖泊生物主要包括藻类、浮游植物、浮游动物、大型水生植物、底栖动物和鱼类等。现阶段无法将每类生物最低生态水位全部确定。因此，选用湖泊关键生物。鱼类对湖泊生态系统具有特殊作用，加之鱼类对低水位最为敏感，故将鱼类作为关键生物。认为鱼类的最低生态水位得到满足，则其他类型生物的最低生态水位也得到满足。式(7-5)简化如下：

$$Ze_{\min} = Ze_{\min 鱼} \tag{7-6}$$

式中：$Ze_{\min 鱼}$ 为鱼类所需的最低生态水位，m。

对于在湖泊居住的鱼类，水深是最重要和基本的物理栖息地指标，因此必须为鱼类提供最小水深。鱼类需求的最小水深加上湖底高程即为最低生态水位。鱼类所需的最低生态水位表示如下：

$$Ze_{\min 鱼} = Z_0 + h_{鱼} \tag{7-7}$$

式中：Z_0 为湖底高程，m；$h_{鱼}$ 为鱼类所需最小水深(可以根据试验材料或经验确定)，m。

三、生态水位初步确定成果

由于缺乏峡山湖天然水位资料和库区内各类生物对水位的需求数据，本次采用湖泊形态分析法来初步确定湖体生态水位，即在水库枯水期低水位附近湖面面积最大值对应水位确定为其生态水位。

绘制峡山湖水位-水面面积关系曲线，如图7-2所示。

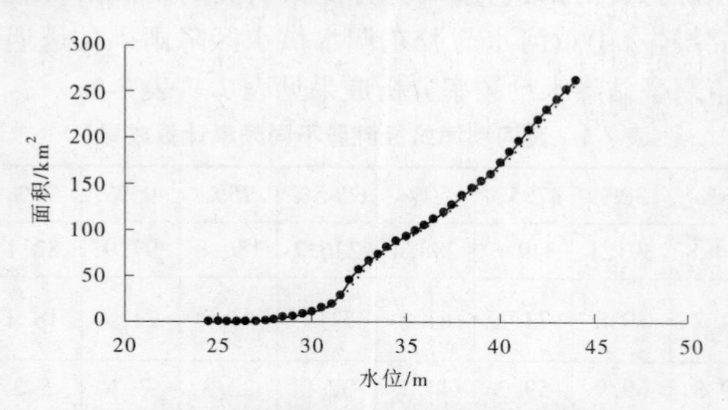

图7-2　峡山湖水位-水面面积关系曲线

可以看出，在低水位时，峡山湖湖面面积随着水位的上升呈缓慢增长趋势，但在达到31.50 m时出现拐点，增长趋势变得十分明显且呈持续状态。为此，可以初步拟定峡山湖生态水位为31.50 m。

第二节　生态水位可达性分析

为了分析峡山湖生态水位维系的可达性，要基于现状工程条件及供水需求对其进行长系列兴利调节计算。基本思路是，先对峡山湖来水量进行综合分析，再基于湖体运行调度曲线和各类用水户需求进行兴利调节计算，然后对调算后逐月月末库容情况进行统计。若月末库容对应的水位高于生态水位，即认为该月生态水位是满足的；如月末库容对应水位低于生态水位，即认为该月生态水位是不满足的。最后，选取75%频率的代表年份，考察月生态水位满足程度。

峡山湖天然来水量分析在本书第三章中已有介绍，在此将其可引黄河水量情况加以介绍，再开展长系列兴利调节计算并进行生态水位可达性分析。

一、峡山湖可引黄水量分析

据有关文件，山东省水利厅分配给潍坊市的引黄水指标为3.07亿m^3。为充分利用黄河水，缓解全市水资源供需矛盾，潍坊市在引黄济青工程基础上再利用引黄济峡工程，将黄河水引入峡山湖调蓄。利用峡山湖在全市水网中的枢纽地位，为全市主城区及周边区域供水。

引黄入峡工程为潍坊市自筹资金兴建的引水工程，山东省计划委员会鲁计基字〔1996〕38号文对潍坊市引黄入峡工程可行性研究报告进行了批复。工程位于潍河干流西岸，北起引黄济青输水河，南至峡山水库，距潍坊市城区30 km。本工程利用引黄济青工程输水河输送黄河水，在引黄济青输水河桩号151+719处设进水闸，向南建新渠和利用现有渠道向峡山水库送水。目前主体工程已基本建成，引黄时，设计渠首输水能力为20.5 m^3/s，入库流量为19.44 m^3/s；供水时，输水流量达28 m^3/s。

（一）黄河来水与潍坊市降水丰枯遭遇分析

引黄济青工程水源为黄河水，引水口为打渔张引黄闸。根据《山东省胶东地区引黄调水工程可行性研究报告》中黄河水与胶东调水供水区降雨丰枯遭遇分析成果，黄河利津站径流量与潍坊市寒亭站降水量频率分析成果见表7-1、表7-2。

表7-1 黄河利津站径流量不同频率计算成果 单位：亿m^3

时段	10%	20%	30%	37.5%	50%	62.5%	75%	95%	97%	资料系列
全年	582.3	464.8	391.1	349.6	288.4	236.7	186.8	97.9	82.1	1956—1998年（43年）
11月至翌年2月	114.9	94.2	80.8	73.1	61.8	51.7	41.9	21.8	18.3	
3—6月	123.5	89.8	69.9	59.2	44.1	32.2	22.3	7.3	5.3	
7—10月	367.3	290.7	241.3	214.4	175.2	141.5	110.8	54.7	34.5	

表7-2 供水区降水量不同频率计算成果 单位：亿m^3

时段	10%	20%	30%	37.5%	50%	62.5%	75%	95%	97%	资料系列
全年	791.8	706.5	648.4	614.5	561.3	512.3	460.8	342.1	316.0	1956—1998年（43年）
11月至翌年2月	87.4	68.9	57.4	50.6	41.0	32.4	24.2	8.7	5.9	
3—6月	246.7	210.2	185.5	171.1	148.5	127.8	106.2	56.7	45.8	
7—10月	569.4	474.9	416.9	383.9	339.0	301.4	267.9	212.1	205.4	

按照中国气象局研究所等单位编写的《全国近五百年旱涝登记资料和全国近五百年分级标准》及黄河水利委员会对黄河来水丰、平、枯的划分标准，按频率将上述利津站径流量和潍坊市寒亭代表雨量站的降水量计算成果分为丰、平、枯、特枯4级，见表7-3。

表7-3　丰、平、枯、特枯分级标准

%

丰、平、枯、特枯等级	丰	平	枯	特枯
相应频率	≤37.5	37.5~62.5	62.5~95.0	≥95.0

1. 按年系列计算成果

根据利津站来水量和潍坊市寒亭代表雨量站降水量的不同频率计算成果，按照表7-3的分级标准，统计利津站和潍坊市寒亭代表雨量站的丰枯遭遇情况，结果见表7-4。

表7-4　利津站年来水与寒亭站年降水丰枯遭遇分析

利津站	寒亭站(43年)			
	丰	平	枯	特枯
丰	5/11.6	8/18.6	4/9.3	0/0
平	3/7.0	4/9.3	2/4.7	2/4.7
枯	4/9.3	4/9.3	5/11.6	0/0
特枯	1/2.3	0/0	1/2.3	0/0

注：表中数据为年/概率，下同。

从表7-4可以看出，黄河利津站年来水量与寒亭代表雨量站年降水丰、枯遭遇，在43年中有5年为枯、枯遭遇，占11.6%；有1年为特枯、枯遭遇，占2.3%；有8年为利津站枯水年与当地丰水年或者是平水年遭遇，占18.6%；其余29年为利津站丰水年或者是平水年与当地丰、平、枯、特枯年相互错开遭遇，占67.5%。

2. 按年内不同时段计算成果

黄河利津站逐年各时段的来水与潍坊市寒亭站各时段的丰枯遭遇分析结果见表7-5。

表7-5　利津站月来水与寒亭站降水各时段丰枯遭遇分析

时段	利津站	寒亭站(43年)			
		丰	平	枯	特枯
3—6月	丰	7/16.3	3/7.0	4/9.3	0/0
	平	4/9.3	4/9.3	6/14.0	1/2.3
	枯	4/9.3	2/4.7	3/7.0	0/0
	特枯	1/2.3	2/4.7	1/2.3	1/2.3

续表 7-5

时段	利津站	寒亭站(43 年)			
		丰	平	枯	特枯
7—10 月	丰	5/11.6	5/11.6	6/14.0	0/0
	平	5/11.6	3/7.0	3/7.0	0/0
	枯	5/11.6	4/9.3	4/9.3	0/0
	特枯	0/0	1/2.3	2/4.7	0/0
11 月至翌年 2 月	丰	7/16.3	3/7.0	3/7.0	0/0
	平	6/14.0	3/7.0	8/18.6	0/0
	枯	3/7.0	2/4.7	6/14.0	0/0
	特枯	1/2.3	1/2.3	0/0	0/0

注:表中数据为年/概率,下同。

从表 7-5 可以看出,利津站与寒亭站 3—6 月时段,枯枯遭遇为 3 次,占 7.0%;枯、特枯遭遇为 1 次,占 2.3%;特枯、特枯遭遇为 1 次,占 2.3%;利津站枯、特枯年与当地丰水年、平水年遭遇 9 次,占 20.9%;其余 29 年为利津站丰、平水年与当地丰、平、枯或特枯年交叉相遇,占 67.5%。利津站与寒亭站降水 7—10 月时段丰、平、枯、特枯遭遇,因是汛期故不作重点分析。利津站与寒亭站 11 月至翌年 2 月时段中,利津站来水与当地降水枯、枯遭遇为 6 年,占 14.0%;无特枯、特枯遭遇;有 7 年为利津站枯、特枯年与当地丰水年、平水年相遇,占 16.3%;其余 30 年为利津站丰、平水与当地丰、平、枯、特枯年相互错开遭遇,占 69.7%。

通过以上利津站多年来水与寒亭站历年降水及分时段的丰、平、枯、特枯的遭遇分析,历年及分时段的枯、枯遭遇占 7%~14%,特枯、特枯遭遇占 2.3%,利津站枯、特枯年与当地丰、平水年遭遇占 16.3%~20.9%,利津站来水丰、平、枯、特枯相互错开遭遇占 67.5%~69.7%。

由上述分析可明确看出:供水区降水与黄河来水多为枯、丰(或平)遭遇,因此对于供水区调水来说,黄河水具有较高的补水作用。虽枯、枯遭遇概率相对较大,但引用黄河水仍是有保证的。

(二)引黄时间分析

引黄济青工程自 1989 年 10 月 14 日开始运行,设计引水时间为每年的 11 月 11 日至翌年的 3 月 20 日,利用黄河含沙量小而水量较丰沛的时间。在实际运行过程中,根据对黄河来水和棘洪滩水库蓄水情况,具体决定引水时间和引水量。根据黄河来水的水沙资料分析,黄河来水过程中,历年 10 月、11 月水量较丰沛。10 月虽然含沙量较高,但引水量较有保证,是引黄入峡较为理想的引水时间。11 月因引黄渠道需清淤,只能相机引水。根据引黄济青工程运行近 10 年的资料分析,向青岛送水有 5 年在 1 月底前结束,平均每年引水天数为55 d。在引黄济青设计引水时间内,只要黄河水有保证,均存在相机引黄入峡的可能。根据以上分析确定引黄入峡补水时间,10月为25 d,11月至翌年3月平均每月相机引水9 d,即在这6个月中,引黄入峡补水时间设计为70 d。

峡山湖引黄最大补水设计流量为19.44 m^3/s,年最大引黄水量为1.17亿m^3。实际运用中,峡山湖是否需要引黄补水,视水库蓄水位而定。经分析,采用控制水位35.0 m,当峡山湖在引黄时期内蓄水位低于35.0 m时,进行引黄补水;当水库蓄水位高于35.0 m时,则无须引黄补水,因此历年各月实际引黄补水量,应根据水库水位及设计引水流量和引水天数计算确定。

(三)峡山湖可引黄水量及引黄月分配情况分析

山东省水利厅于1994年以鲁水资字〔1994〕18号文《关于公布我省引黄水量分配方案的通知》,将国务院分配山东省的70亿m^3引黄水量向各市进行了再分配,其中潍坊市为3.07亿m^3。就引黄入峡工程而言,由于受输水渠道和引水天数的限制,引黄水量有限。其中,引黄入峡渠首最大输水能力为20.5 m^3/s,净入库流量为19.44 m^3/s。根据上述引黄时间分析,引黄入峡年引水时间为70 d,最大引水量约为1.24亿m^3,净入库水量约为1.17亿m^3,水库引黄水量指标从潍坊市总引黄水量指标中调剂。另外,在引水用途上,由于引黄成本较高,引黄入峡水量目前只用于枯水年份城市及工业企业用水。引黄济峡工程可引水量分析计算成果见表7-6。

表7-6　引黄济峡工程可引水量分析计算成果

月份	10	11	12	1	2	3	全年
引水天数/d	25	9	9	9	9	9	70
渠首引水流量/(m^3/s)	20.5	20.5	20.5	20.5	20.5	20.5	20.5
入库流量/(m^3/s)	19.44	19.44	19.44	19.44	19.44	19.44	19.44
可引水量/万m^3	4 428	1 594	1 594	1 594	1 594	1 594	12 363
输水损失/万m^3	216	78	78	78	78	78	606
可引净水量/万m^3	4 212	1 516	1 516	1 516	1 516	1 516	11 757

(四)峡山湖现状引水情况

峡山湖方家屯一级泵站设计提水流量20 m^3/s,自2014年10月15日经引黄入峡一级泵站开始向方家屯供水枢纽调引黄河水,截至2018年8月10日共调引黄河水53 492万m^3(其中2014年1 782万m^3、2015年11 307万m^3、2016年15 981万m^3、2017年15 104万m^3、2018年9 318万m^3),自2015年11月5日经引黄入峡一至四级泵站调黄河水入库,引黄入峡渠道设计最大流量16 m^3/s,至2018年8月10日入库黄河水量共计12 184万m^3(其中2015年1 500万m^3、2016年3 850万m^3、2017年3 511万m^3、2018年3 323万m^3)。2015年11月至2018年8月峡山湖调引黄河水量统计一览见表7-7。

表 7-7　2015 年 11 月至 2018 年 8 月峡山湖调引黄河水量统计一览　　单位:万 m^3

时间(年-月)	水量	合计
2015-11	1 325	1 500
2015-12	175	
2016-01	120	3 850
2016-02	160	
2016-03	115	
2016-04	337	
2016-05	344	
2016-06	272	
2016-07	494	
2016-08	997	
2016-09	285	
2016-10	271	
2016-11	195	
2016-12	260	
2017-01	191	3 511
2017-02	253	
2017-03	268	
2017-04	306	
2017-05	323	
2017-06	67	
2017-07	32	
2017-08	725	
2017-09	1 068	
2017-10	199	
2017-11	79	
2017-12	0	

续表 7-7

时间(年-月)	水量	合计
2018-01	0	3 323
2018-02	0	
2018-03	466	
2018-04	276	
2018-05	212	
2018-06	1 081	
2018-07	931	
2018-08	357	
合计	12 184	—

二、峡山湖长系列兴利调节计算分析

(一)不同水平年特征库容确定

考虑峡山湖实施水库增容工程后,泥沙淤积相对较轻,其库容变化不大,另外水库结冰期时间较短,且不在最枯月份,冰融化后仍可利用,因此不考虑结冰损失。由此,确定峡山水库 2018 年、2020 年各特征库容与特征水位,水库各时期特征库容见表 7-8。

表 7-8　峡山水库各时期特征库容

设计标准	水位/m	库容/万 m^3		
		三查三定	2018 年	2020 年
死水位	31. 40	4 911	4 025	4 025
兴利水位	38. 00	55 050	59 259	59 259

注:水准基面为 56 黄海高程。

(二)控制水位与相应库容确定

水库兴利调节计算需要确定水库的允许最高蓄水位和最低蓄水位及相应库容。综合峡山湖汛期控制运用指标和《山东省潍坊市峡山水库增容工程可行性研究报告》成果,确定兴利调节计算中湖体允许最高、最低控制水位和相应库容,即允许最高控制水位为 38. 00 m,相应库容为 59 259 万 m^3;允许最低控制水位为死水位 31. 40 m,相应库容为 4 025 万 m^3。

(三)用水户情况

据 2019 年 12 月完成的《潍坊市自来水有限公司供水工程水资源论证报告书(报批稿)》,最新统计至 2020 年,峡山湖供水任务包括:灌区 9 800 万 m^3(供水保证率为 50%)、电厂 2 300 万 m^3(供水保证率为 97%)、城乡生活和一般工业用水 2. 04 亿 m^3(供水保证率为 97%)。

(四)兴利调节计算方法

根据峡山湖现状来水量和用水量系列,采用水量平衡原理,逐年逐月进行连续调算。由于水库现状来水量中包含水面蒸发、渗漏损失水量,故采用“计入水量损失的时历列表法”进行多年兴利调节计算。峡山湖兴利调节计算起调水位为死水位 31.40 m,调算后用最后一年的年末库容作为起调库容再进行调算,直至起调库容与最后一年的年末库容一致,上限以最高控制蓄水位(兴利水位)控制,超过该水位则弃水。为保证工业高保证率供水项目的用水,调算中采用预留库容的方法,预留库容经反复试算后合理确定。当考虑水库引黄调水时,引水量为兴利库容与上一个月末库容的差,即引水不能造成弃水。

湖体水面蒸发损失水量的计算方法:年蒸发损失量为库面年水面蒸发量与年陆地蒸发量的差值。采用峡山湖水文站实测蒸发资料换算为水面蒸发量,年陆地蒸发量近似地用年降水量与年径流深的差值表示。将求得的年蒸发损失量按水面蒸发量月分配系数分配到各月,求得各月蒸发损失量,以此乘以与各月水库平均蓄水位相应的水面面积,求得各月蒸发损失水量。

湖体渗漏量计算采用经验系数法。目前,先后完成了峡山湖主坝 0+050~2+560 坝段坝基垂直防渗墙截渗,南辛副坝 2+450~4+450 坝段坝基砂砾强透水层、武兰副坝 0+900~2+700 坝段壤土夹姜强透水石层垂直防渗墙截渗,郑公副坝 4+675~6+325 坝段粉砂坝体采用混凝土面板防渗、护砌,以及郑公副坝坝基防渗工程。根据《山东省潍坊市峡山水库增容工程可行性研究报告》(2014 年 11 月),参考主坝防渗墙渗流计算成果以及武兰副坝渗流计算成果,本次湖体渗漏损失水量采用月平均库容的 0.5%计算。

(五)兴利调节计算方案与结果

根据各部门用水批复情况,按 2020 年水平进行长系列调算,其中农业供水保证率为 50%、电厂供水保证率为 97%、城市生活与企业供水保证率为 95%。调算结果见表 7-9。

三、峡山湖生态水位可达性分析

为考察拟定生态水位的可行性,对峡山湖现状供水条件下长系列调算结果进行综合分析,统计其逐月月末库容达到生态水位线以上的情况。当月末库容少于 4 274 万 m^3(对应生态水位 31.5 m)时,即认定为该月不满足生态水位保障要求。根据峡山湖现状供水条件下长系列兴利调节计算结果,51 年(合计 612 个月)中,低于生态水位的月份仅 14 个,见表 7-10。

结果表明,拟定的生态水位满足程度达 97.7%。但是,随着当地各类用水量的逐年增加,未来峡山水库将面临更加严峻的供水形势。加之调算过程中一些不可避免的人为因素造成了供水成果偏于乐观。究其原因,主要是该调算过程采取了 3 项调整措施:一是水库灌溉用水量按取水许可批准的 9 800 万 m^3 限制,使得历史上主要用于农田灌溉的用水转向城乡和工业供水;二是实施了引黄补水,使得枯水年份水库蓄水量明显增加;三是加强了对最低水位的运行管控,消除了实际运行过程中的诸多不确定性因素。可以预见,在实际运行过程中,峡山湖生态水位保障程度可能略低于测算的水平。因此,建议生态水位仍按 31.5 m 实行,待供水形势好转后再逐步提高。

表 7-9　峡山湖 2020 年长系列兴利调节计算结果

单位：万 m^3

时段	年初库容	来水量	引水量	蒸渗损失量	电厂			城镇生活及一般工业			农业灌溉			生态			弃水量	年末库容
					需水量	供水量	缺水量	需水量	供水量	缺水量	需水量	供水量	缺水量	需水量	供水量	缺水量		
1956—1957 年	4 024	104 436	0	13 792	2 300	2 300	0	20 427	20 427	0	18 913	18 913	0	5 357	5 357	0	20 839	26 832
1957—1958 年	26 832	117 148	0	11 395	2 300	2 300	0	20 427	20 427	0	21 801	21 801	0	5 357	5 357	0	68 418	14 282
1958—1959 年	14 282	43 567	0	8 565	2 300	2 300	0	20 427	20 427	0	14 907	14 907	0	5 357	5 357	0	0	6 293
1959—1960 年	6 293	55 666	0	8 092	2 306	2 306	0	20 483	20 483	0	16 677	16 677	0	5 372	5 372	0	0	9 029
1960—1961 年	9 029	92 729	0	18 654	2 300	2 300	0	20 427	20 427	0	15 932	15 932	0	5 357	5 357	0	5 929	33 159
1961—1962 年	33 159	50 037	0	15 773	2 300	2 300	0	20 427	20 427	0	15 279	15 279	0	5 357	5 357	0	0	24 060
1962—1963 年	24 060	140 181	0	14 871	2 300	2 300	0	20 427	20 427	0	9 037	9 037	0	5 357	5 357	0	73 677	38 572
1963—1964 年	38 572	48 281	0	13 197	2 306	2 306	0	20 483	20483	0	13 509	13 509	0	5 372	5 372	0	9 749	22 237
1964—1965 年	22 237	225 353	0	15 592	2 300	2 300	0	20 427	20 427	0	10 248	10 248	0	5 357	5 357	0	163 919	29 747
1965—1966 年	29 747	51 116	0	15 324	2 300	2 300	0	20 427	20 427	0	16 118	8 267	7 851	5 357	5 357	0	7 374	21 813
1966—1967 年	21 813	29 122	0	6 798	2 300	2 300	0	20 427	20 427	0	12 112	0	12 112	5 357	5 357	0	0	16 054
1967—1968 年	16 054	30 123	8 566	5 886	2 306	2 306	0	20 483	20 483	0	16 397	0	16 397	5 372	455	4 917	0	25 613

续表 7-9

时段	年初库容	来水量	引水量	蒸渗损失量	电厂			城镇生活及一般工业			农业灌溉			生态			弃水量	年末库容
					需水量	供水量	缺水量	需水量	供水量	缺水量	需水量	供水量	缺水量	需水量	供水量	缺水量		
1968—1969 年	25 613	13 708	8 566	7 353	2 300	2 300	0	20 427	20 427	0	17 981	0	17 981	5 357	0	5 357	0	17 807
1969—1970 年	17 807	6 934	8 566	3 629	2 300	2 300	0	20 427	20 427	0	13 882	1 491	12 391	5 357	440	4 917	0	5 021
1970—1971 年	5 021	52 444	0	7 942	2 300	2 300	0	20 427	20 483	0	16 491	16 491	0	5 357	5 357	0	0	4 949
1971—1972 年	4 949	136 944	0	17 317	2 306	2 306	0	20 483	20 483	0	13 696	13 696	0	5 372	5 372	0	50 921	31 798
1972—1973 年	31 798	23 684	0	7 145	2 300	2 300	0	20 427	20 427	0	13 696	13 696	0	5 357	5 357	0	0	6 558
1973—1974 年	6 558	34 758	8 566	4 553	2 300	2 300	0	20 427	20 427	0	18 727	14 115	4 612	5 357	4 462	895	0	4 025
1974—1975 年	4 025	128 752	0	12 364	2 300	2 300	0	20 427	20 427	0	15 559	15 559	0	5 357	5 357	0	51 450	25 320
1975—1976 年	25 320	132 917	0	12 314	2 306	2 306	0	20 483	20 483	0	13 789	13 789	0	5 372	5 372	0	58 074	45 899
1976—1977 年	45 899	31 793	0	12 414	2 300	2 300	0	20 427	20 427	0	16 211	4 099	12 112	5 357	5 357	0	4 025	29 070
1977—1978 年	29 070	8 026	0	3 668	2 300	2 300	0	20 427	20 427	0	20 124	0	20 124	5 357	5 357	0	0	5 344
1978—1979 年	5 344	29 043	0	2 841	2 300	2 300	0	20 427	20 427	0	11 087	0	11 087	5 357	4 565	792	0	4 254
1979—1980 年	4 254	46 561	0	5 919	2 306	2 306	0	20 483	20 483	0	11 460	0	11 460	5 372	0	5 372	0	22 107

续表 7-9

时段	年初库容	来水量	引水量	蒸渗损失量	电厂			城镇生活及一般工业			农业灌溉			生态			弃水量	年末库容
					需水量	供水量	缺水量	需水量	供水量	缺水量	需水量	供水量	缺水量	需水量	供水量	缺水量		
1980—1981 年	22 107	39 054	0	13 683	2 300	2 300	0	20 427	20 427	0	19 379	0	19 379	5 357	0	5 357	0	24 750
1981—1982 年	24 750	21 468	0	7 005	2 300	2 300	0	20 427	20 427	0	18 540	0	18 540	5 357	0	5 357	0	16 487
1982—1983 年	16 487	35 806	3 359	7 983	2 300	2 300	0	20 427	20 427	0	20 963	0	20 963	5 357	0	5 357	0	24 943
1983—1984 年	24 943	3 930	8 566	3 546	2 306	2 306	0	20 483	20 483	0	16 491	0	16 491	5 372	0	5 372	0	11 103
1984—1985 年	11 103	11 361	8 566	2 313	2 300	2 300	0	20 427	20 427	0	17 888	0	17 888	5 357	0	5 357	0	5 990
1985—1986 年	5 990	41 135	8 566	6 022	2 300	2 300	0	20 427	20 427	0	14 534	0	14 534	5 357	0	5 357	0	26 943
1986—1987 年	26 943	13 206	8 566	5 555	2 300	2 300	0	20 427	20 427	0	17 050	0	17 050	5 357	0	5 357	0	20 434
1987—1988 年	20 434	3 167	8 566	2 610	2 306	2 306	0	20 483	8 563	11 920	20 590	0	20 590	5 372	0	5 372	0	18 688
1988—1989 年	18 688	4 287	8 566	2 177	2 300	2 300	0	20 427	20 427	0	18 727	0	18 727	5 357	0	5 357	0	6 638
1989—1990 年	6 638	2 042	8 566	1 739	2 300	1 579	721	20 427	9 902	10 525	16 677	0	16 677	5 357	0	5 357	0	4 025
1990—1991 年	4 025	88 844	0	10 248	2 300	2 300	0	20 427	20 427	0	9 037	9 037	0	5 357	5 357	0	1 766	43 735
1991—1992 年	43 735	21 137	8 566	13 197	2 306	2 306	0	20 483	20 483	0	20 590	18 254	2 336	5 372	5 372	0	0	13 826

续表 7-9

时段	年初库容	来水量	引水量	蒸渗损失量	电厂			城镇生活及一般工业			农业灌溉			生态			弃水量	年末库容
					需水量	供水量	缺水量	需水量	供水量	缺水量	需水量	供水量	缺水量	需水量	供水量	缺水量		
1992—1993年	13 826	12 408	8 566	2 195	2 300	2 300	0	20 427	20 427	0	20 963	1 354	19 608	5 357	4 499	858	0	4 025
1993—1994年	4 025	47 280	2 500	4 008	2 300	2 300	0	20 427	20 427	0	16 118	16 118	0	5 357	5 357	0	0	5 595
1994—1995年	5 595	63 232	0	6 395	2 300	2 300	0	20 427	20 427	0	15 745	15 745	0	5 357	5 357	0	0	18 603
1995—1996年	18 603	58 899	0	6 945	2 306	2 306	0	20 483	20 483	0	14 907	14 907	0	5 372	5 372	0	0	27 490
1996—1997年	27 490	37 288	0	6 199	2 300	2 300	0	20 427	20 427	0	17 888	17 888	0	5 357	5 357	0	0	12 607
1997—1998年	12 607	48 566	0	3 625	2 300	2 300	0	20 427	20 427	0	13 696	13 696	0	5 357	5 357	0	0	15 768
1998—1999年	15 768	46 243	0	6 451	2 300	2 300	0	20 427	20 427	0	18 074	18 074	0	5 357	5 357	0	0	9 403
1999—2000年	9 403	84 739	0	10 761	2 306	2 306	0	20 483	20 483	0	17 236	16 909	327	5 372	4 917	455	37	38 729
2000—2001年	38 729	27 502	8 566	7 539	2 300	2 300	0	20 427	20 427	0	17 329	17 329	0	5 357	5 357	0	0	21 846
2001—2002年	21 846	47 178	8 566	7 339	2 300	2 300	0	20 427	20 427	0	13 789	13 789	0	5 357	5 357	0	0	28 378
2002—2003年	28 378	13 811	0	3 515	2 300	2 300	0	20 427	20 427	0	20 590	7 901	12 689	5 357	4 021	1 336	0	4 025
2003—2004年	4 025	81 171	0	7 033	2 306	2 306	0	20 483	20 483	0	11 832	11 832	0	5 372	5 372	0	0	38 170

续表 7-9

时段	年初库容	来水量	引水量	蒸渗损失量	电厂			城镇生活及一般工业			农业灌溉			生态			弃水量	年末库容
					需水量	供水量	缺水量	需水量	供水量	缺水量	需水量	供水量	缺水量	需水量	供水量	缺水量		
2004—2005年	38 170	46 024	0	7 709	2 300	2 300	0	20 427	20 427	0	12 764	12 764	0	5 357	5 357	0	0	35 638
2005—2006年	35 638	77 543	0	6 599	2 300	2 300	0	20 427	20 427	0	17 888	17 888	0	5 357	5 357	0	19 735	40 876
2006—2007年	40 876	2 173	0	5 590	2 300	2 300	0	20 427	20 427	0	16 025	16 025	0	5 357	5 357	0	0	12 910
2007—2008年	12 910	83 093	0	15 263	2 306	2 306	0	20 483	20 483	0	13 602	13 602	0	5 372	5 372	0	0	38 977
2008—2009年	38 977	108 393	0	16 372	2 300	2 300	0	20 427	20 427	0	16 118	16 118	0	5 357	5 357	0	50 370	36 426
2009—2010年	36 426	42 418	0	13 531	2 300	2 300	0	20 427	20 427	0	15 373	15 373	0	5 357	5 357	0	101	21 756
2010—2011年	21 756	42 839	0	9 833	2 300	2 300	0	20 427	20 427	0	15 373	15 373	0	5 357	5 357	0	0	11 305
2011—2012年	11 305	129 361	0	18 152	2 306	2 306	0	20 483	20 483	0	16 025	16 025	0	5 372	5 372	0	32 966	45 362
2012—2013年	45 362	87 609	0	18 017	2 300	2 300	0	20 427	20 427	0	15 373	15 373	0	5 357	5 357	0	33 482	38 016
2013—2014年	38 016	32 861	8 566	9 325	2 300	2 300	0	20 427	20 427	0	15 601	14 319	1 282	5 357	5 357	0	5 425	22 290
2014—2015年	22 290	4 227	5 034	3 432	2 300	2 300	0	20 427	20 427	0	16 994	0	16 994	5 357	1 368	3 989	0	4 025
年均	20 672	53 613	2 508	8 768	2 301	2 289	12	20 441	20 060	381	15 990	9 885	6 105	5 361	3 962	1 399	11 157	—

表 7-10 峡山水库拟定生态水位月满足情况统计分析结果

年份	是否满足生态水位需求												满足月份数/个		
	1月	2月	3月	4月	5月	6月	7月	8月	9月	10月	11月	12月	汛期	非汛期	合计
1964	是	是	是	是	是	是	是	是	是	是	是	是	4	8	12
1965	是	是	是	是	是	是	是	是	是	是	是	是	4	8	12
1966	是	是	是	是	是	是	是	是	是	是	是	是	4	8	12
1967	是	是	是	是	是	是	是	是	是	是	是	是	4	8	12
1968	是	是	是	是	是	是	是	是	是	是	是	是	4	8	12
1969	是	是	是	是	是	是	是	是	是	是	是	是	4	8	12
1970	是	是	是	是	否	否	是	是	是	是	是	是	4	6	10
1971	是	是	是	是	是	是	是	是	是	是	是	是	4	8	12
1972	是	是	是	是	是	是	是	是	是	是	是	是	4	8	12
1973	是	是	是	是	是	是	是	是	是	是	是	是	4	8	12
1974	是	是	是	是	是	是	是	是	是	是	是	是	4	8	12
1975	是	是	是	是	是	是	是	是	是	是	是	是	4	8	12
1976	是	是	是	是	是	是	是	是	是	是	是	是	4	8	12
1977	是	是	是	是	是	是	是	是	是	是	是	是	4	8	12
1978	是	是	是	是	是	是	是	是	是	是	是	是	4	8	12
1979	是	是	是	是	是	是	是	是	是	是	是	是	4	8	12
1980	是	是	是	是	是	是	是	是	是	是	是	是	4	8	12
1981	是	是	是	是	是	是	是	是	是	是	是	是	4	8	12
1982	是	是	是	是	是	是	是	是	是	是	是	是	4	8	12
1983	是	是	是	是	是	是	是	是	是	是	是	是	4	8	12
1984	是	是	是	是	是	是	否	否	否	否	是	是	0	8	8
1985	是	是	是	否	否	否	是	是	是	是	是	是	4	5	9
1986	是	是	是	是	是	是	是	是	是	是	是	是	4	8	12

续表 7-10

年份	是否满足生态水位需求												满足月份数/个		
	1月	2月	3月	4月	5月	6月	7月	8月	9月	10月	11月	12月	汛期	非汛期	合计
1987	是	是	是	是	是	是	是	是	是	否	是	是	3	8	11
1988	是	是	是	是	否	否	是	是	是	是	是	是	4	6	10
1989	是	是	是	是	是	是	是	是	是	否	是	是	3	8	11
1990	是	是	是	是	否	否	是	是	是	是	是	是	4	6	10
1991	是	是	是	是	是	是	是	是	是	是	是	是	4	8	12
1992	是	是	是	是	是	是	是	是	是	是	是	是	4	8	12
1993	是	是	是	是	是	否	是	是	是	是	是	是	4	7	11
1994	是	是	是	是	是	是	是	是	是	是	是	是	4	8	12
1995	是	是	是	是	是	是	是	是	是	是	是	是	4	8	12
1996	是	是	是	是	是	是	是	是	是	是	是	是	4	8	12
1997	是	是	是	是	是	是	是	是	是	是	是	是	4	8	12
1998	是	是	是	是	是	是	是	是	是	是	是	是	4	8	12
1999	是	是	是	是	是	是	是	是	是	是	是	是	4	8	12
2000	是	是	是	是	是	是	是	是	是	是	是	是	4	8	12
2001	是	是	是	是	是	是	是	是	是	是	是	是	4	8	12
2002	是	是	是	是	是	是	是	是	是	是	是	是	4	8	12
2003	是	是	是	是	是	是	是	是	是	是	是	是	4	8	12
2004	是	是	是	是	是	是	是	是	是	是	是	是	4	8	12
2005	是	是	是	是	是	是	是	是	是	是	是	是	4	8	12
2006	是	是	是	是	是	是	是	是	是	是	是	是	4	8	12
2007	是	是	是	是	是	是	是	是	是	是	是	是	4	8	12
2008	是	是	是	是	是	是	是	是	是	是	是	是	4	8	12
2009	是	是	是	是	是	是	是	是	是	是	是	是	4	8	12

续表 7-10

年份	是否满足生态水位需求												满足月份数/个		
	1月	2月	3月	4月	5月	6月	7月	8月	9月	10月	11月	12月	汛期	非汛期	合计
2010	是	是	是	是	是	是	是	是	是	是	是	是	4	8	12
2011	是	是	是	是	是	是	是	是	是	是	是	是	4	8	12
2012	是	是	是	是	是	是	是	是	是	是	是	是	4	8	12
2013	是	是	是	是	是	是	是	是	是	是	是	是	4	8	12
2014	是	是	是	是	是	是	是	是	是	是	是	是	4	8	12
小计													198	398	596

第三节 生态水位预警方案

一、预警等级与水位

(一)预警等级

峡山湖生态水位调度预警水位,按需预留水量确定,当预留水量达不到时间管控要求时即发出警报,亏空 1 个月需求量为黄色预警,亏空 2 个月需求量为橙色预警,亏空 3 个月需求量为红色预警。

(二)预警期与预警水位

鉴于峡山湖具有防洪调度功能,遵循防洪安全优先的原则,汛期水库调度服从防洪管理要求。因此,峡山水库生态水位预警期为 10 月 1 日至翌年的 5 月 31 日,共计 8 个月。

峡山湖生态水位试点预警水位的确定,主要考虑其供水任务。目前,峡山湖非农业用户办理取水许可的规模达 2.27 亿 m^3/a。据山东省人民政府于 2018 年 5 月 29 日印发的《峡山水库胶东地区调蓄战略水源地工程建设专题会议纪要》(〔2018〕51 号):峡山湖每年明确 2 亿 m^3 兴利库容作为省级战略调蓄水库容,当蓄水量达到 2.5 亿 m^3(含死库容水量),实行严格管控,按省里统一调配指令使用。这样,峡山湖生态水位预警需要考虑战略水源地 2.5 亿 m^3 的预留,潍坊市 8 个月的正常供水需求,以及在此期间的蒸发、渗漏损耗。

据统计,预警期 8 个月需考虑潍坊市非农户正常取水量为 1.70 亿 m^3,加上蒸发、渗漏损失量约为 1.80 亿 m^3,每月平均为 2 250 万 m^3。从 10 月 1 日至翌年的 5 月 31 日,随着时间的推移,以月为计算周期,每减少 1 个月,水库预留水量下调 2 250 万 m^3。由此,确定峡山水库预警期内逐月管控库容,见表 7-11,再依据湖体水位–库容曲线关系确定对应预警水位,见表 7-12。

表 7-11　峡山湖生态水位预警期内管控库容一览

单位：万 m³

序号	状态	湖区内需预留水量							
		10月	11月	12月	1月	2月	3月	4月	5月
1	正常需求状态 ≥	43 000	40 750	38 500	36 250	34 000	31 750	29 500	27 250
2	亏空1个月供水需求状态 ≥	40 750	38 500	36 250	34 000	31 750	29 500	27 250	25 000
3	亏空2个月供水需求状态 ≥	38 500	36 250	34 000	31 750	29 500	27 250	25 000	22 750
4	亏空3个月供水需求状态 ≥	36 250	34 000	31 750	29 500	27 250	25 000	22 750	20 500

表 7-12　峡山湖生态水位预警期内预警水位一览

单位：m

序号	预警级别	管控水位/m							
		10月	11月	12月	1月	2月	3月	4月	5月
1	生态水位	31.50	31.50	31.50	31.50	31.50	31.50	31.50	31.50
2	黄色预警	36.25	36.00	35.80	35.60	35.40	35.15	35.00	34.70
3	橙色预警	36.00	35.80	35.60	35.40	35.15	35.00	34.70	34.40
4	红色预警	35.80	35.60	35.40	35.15	35.00	34.70	34.40	34.15

二、预警触发条件

当监测的峡山湖各月实时水位连续多日低于相对应月份的预警水位时即触发预警。其中，连续 7 d 实时监测水位低于黄色预警水位，触发黄色预警；连续 7 d 实时监测水位低于橙色预警水位，触发橙色预警；连续 3 d 实时监测水位低于红色预警水位，触发红色预警。

三、预警处置措施

预警处置措施如下：

(1)触发黄色预警后，峡山湖管理单位应及时向上级主管部门汇报，潍坊市水利局加强信息分析，做好启动补水调度实施准备；

(2)触发橙色预警后，峡山水库管理单位应及时向上级主管部门汇报，潍坊市水利局制订具体调度方案，提出补水调度实施的申请，并完成批准程序；

(3)触发红色预警后，潍坊市水利局及时启动补水调度方案，下达具体调度指令，各执行单位执行指令。

四、警报的撤销

警报由高级向低级逐级撤销，具体条件如下：

(1)红色预警触发后，通过加强流域水量调度或实施跨流域生态补水，使得湖区水位逐步得到恢复，当监测连续 3 d 水位达到对应月份红色预警水位以上时，降级为橙色预警。

(2)橙色预警触发后，通过加强流域水量调度或实施跨流域生态补水，使得湖区水位继续得到恢复，当监测连续 7 d 水位达到对应月份橙色预警水位以上时，降级为黄色预警。

(3)黄色预警触发后，通过加强流域水量调度或实施跨流域生态补水，使得湖区水位持续得到恢复，当监测连续 7 d 水位达到对应月份黄色预警水位以上时，黄色预警撤销。

第四节　生态水位管控方案

一、指导思想

全面贯彻党的十九大、二十大精神，以习近平新时代中国特色社会主义思想为指导，深入落实“节水优先、空间均衡、系统治理、两手发力”治水思路，坚持“水利工程补短板、水利行业强监管”的水利改革发展总基调，突出“重在保护，要在治理”以及“把水资源作为最大的刚性约束”要求，通过完善峡山湖生态水位实时监测基础设施、建立健全生态水位预警机制和管控调度运行机制，提高生态用水的保障能力，逐步改善湖区水体及其周边区域的水生态环境。

二、基本原则

生态水位管控调度是一项系统工程，涉及水位监测、预报预警、水量调度等多个环节，需要各级各部门采取工程、管理等综合措施。为保障试点工作的顺利推进，开展峡山水库生态水位管控调度，需坚持以下 4 项原则：

一是坚持防洪安全优先的原则。生态水位管控要服从水库、流域防洪调度，水库汛期运行遵从防洪调度管理，非汛期在涉及补水、引调客水等控制闸门的启、闭指令下达时，也要确保防洪、排涝安全。

二是坚持流域统筹的原则。将流域作为一个整体，统筹上下游生态用水需求，充分利用流域内自身的水利工程及客水工程发挥对径流资源的拦蓄和调节利用，当水库水位低于生态水位阈值时，按制定的调度顺序实施生态补水调度。

三是坚持先易后难的原则。客观理解峡山水库生态水位管控调度的复杂性和艰巨性，本着先易后难的原则逐步推进。近期试点工作，以建立机制、保障生态水位为主；远期，随着管理运行机制的完善和调度能力的提高，再加强基于区域生态环境改善的调度。

四是坚持经济适度的原则。充分认识保障生态水位对于改善水库水环境的重要性，在经济条件允许的范围内实施最大程度的调度管理，同时也要尊重北方缺水地区水源条件有限的特点，当补水调度强度超出经济允许承受范围时，则按实际可达程度实施调度管理，特别是遭遇特枯年份（95%频率来水）或连枯年份，在补水条件不满足时可不对生态水位满足程度做要求。

三、管控调度目标

峡山湖生态水位管控调度目标是，完善峡山湖生态水位监测基础设施、建立健全预警机制和分级管理运行机制，通过对湖区水位的实时监测、预警预报和动态调度管理，落实其基本的生态用水需求，维系枯水期生态水位，75%频率来水年份生态水位月满足率达到100%以上。

四、管控调度机构

峡山湖生态水位管控主管部门是山东省水利厅，实施部门是潍坊市水利局，峡山水库管理局、墙夼水库管理局、诸城市水利局、安丘市水利局、高密市水利局、昌邑市水利局、山东省调水工程运行维护中心，以及墙夼水库以下至峡山水库沿线河道相关闸坝管理机构等为调度实施单位。峡山水库管理局统一下达调度指令。峡山水库生态水位试点调度系统组织架构见图 7-3。

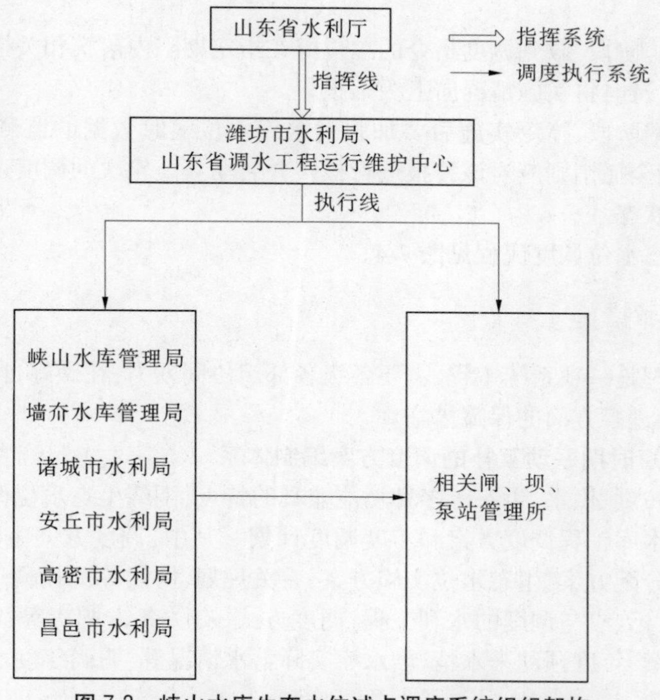

图 7-3　峡山水库生态水位试点调度系统组织架构

按照级别和权限,建立多层级职责分担、联合管控调度的机制。峡山水库生态水位管控调度,由山东省水利厅、山东省调水工程运行维护中心、潍坊市水利局、峡山水库管理局以及相关水利工程管理部门共同实施。

五、管控流程

峡山湖生态水位调度流程分为 7 个阶段:

一是日常监测阶段,峡山湖管理单位利用信息平台对水库各点位的实时水位数据信息进行监测,每天对水位进行核查。

二是警报核实阶段,当监测实测数据达到警报触发条件时,信息平台将通过多渠道向工作人员发出警报信息,工作人员要通过查阅历史记录、现场视频等方式对警报信息进行核实,如该警报信息仍有待观察则加强对监测数据的核查,如达到应对要求则须向潍坊市水利局负责人汇报。

三是部门会商阶段,潍坊市水利局依据警报的等级、涉及范围等召集有关部门进行会商,提出应对方案,综合判断仍需进一步观察的则责令工作人员加强对监测信息的收集分析,如分析确定应实施工程调度的则制订具体的调度方案。

四是方案制订阶段,潍坊市水利局依据会商意见拟定调度方案,报山东省水利厅批准后实施。

五是指令下达阶段,山东省水利厅向潍坊市水利局、山东省调水工程运行维护中心下达调度指令,各单位逐级下达至涉及的闸坝管理所,各级指定专人负责并做好指令接收和处理记录。

六是指令实施阶段,收到调度指令的单位应在指定期限内落实相关措施,明确责任人并做好实施记录,及时将实施情况向上级汇报。

七是监测反馈阶段,指令实施后要加强对水库水位实时数据的监测,关注其变化情况,如警报仍未完全撤销则应对该警报进行核实并启动新一轮次的调度过程,如警报撤销则转入日常监测状态。

峡山水库生态水位调度流程见图 7-4。

六、管控保障措施

生态水位管理是一项系统工程,需要各级各部门协同发力,在做好自身调度运行管理的同时,还需要推进多方面的保障措施。

(一)建立长短时期联动互补的调度方案编制体系

针对峡山湖防洪、供水、生态等多种功能兼具的特点,围绕生态水位保障要求,按管理期长短分别编制水库工程调度方案和年度调度计划。其中,调度方案主要是根据批复的区域和流域水量分配方案、生态水位实施方案、有关规划、协议等,明确不同来水条件下的调度原则、调度目标、参与调度的水利工程、调度方式、有关各方职责等;年度调度计划主要是根据调度方案、年度预测来水情况、水库实际蓄水情况等,明确年度水量分配指标、生态水位保障目标等。

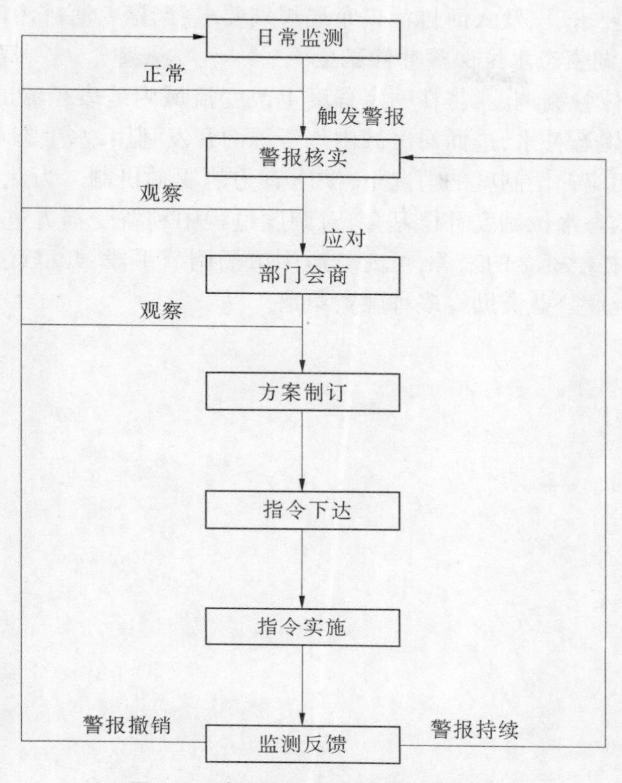

图 7-4　峡山水库生态水位调度流程

(二)建立友好衔接高效运行的协商机制

生态水位管控调度要与水利部门相关工作做好衔接,并建立高效运行的协商机制。一是峡山湖统筹兼顾各类用水户需求,但供水要符合相应行政单元的最严格水资源管理制度确定的“三条红线”要求;二是要与流域取水许可审批相衔接,对于延续和新增的取水许可,应严格以生态水位保障目标进行控制和审批;三是要与河长制湖长制相对接,把生态水位的保障措施纳入潍河河长制、峡山湖湖长制建设的工作任务中。在衔接过程中,要充分发扬民主,遵循权、责、利统一原则,友好、高效地理顺相关关系。

(三)强化湖区上游水功能区水质达标管理

入河(湖)污染物持续增多,是造成河流水库水生态环境恶化、水功能区不达标的主要原因。要贯彻落实水利部《水功能区监督管理办法》(水资源〔2017〕101 号)和《山东省水功能区监督管理办法》(鲁水规字〔2017〕2 号),持续加强对上游水功能区的监督管理,根据其功能定位和分级分类要求,严格管理和控制涉水活动,促进经济社会发展与水资源、水环境承载能力相协调;在进行涉河(湖)项目审批时,应当统筹考虑项目对水功能区水量、水质、水生态的影响,提出预防、减缓、治理、补偿等措施。同时,要贯彻落实水利部《关于进一步加强入河排污口监督管理工作的通知》(水资源〔2017〕138 号)和《山东省入河排污口监督管理办法》,按照“谁审批谁负责监督管理、权责统一,分级管理”的原则,加强入河排污口全过程管理;充分考虑或遵守主体功能区、水功能区划、国家产业政策、防洪安全和水工程安全要求，以及入河排污口布局规划要求，严格入河排污口审批。

(四) 设立峡山湖生态水位保障补偿基金

峡山湖生态水位管制调度，将在一定程度上改变流域内地表径流的空间分布或通过引调客水资源进行生态补水，进而对区域内水资源的开发利用、水生态环境的维系改善等产生影响，在缺乏相应补偿制度的情况下，缺乏有力的驱动机制。为此，应尽快建立水生态补偿机制，设立生态水位调度补偿基金，对调度过程中利益受损方进行补偿，并承担相关调水成本。对于补偿资金的来源，可充分运用市场调节手段，开辟政府财政补助、用水户取水分担、市场企业公益资助等多种融资渠道。

第八章　讨论与展望

无论是从广度上还是从深度上来审视本书呈现的内容或成果，都显得十分捉襟见肘，只能作为阶段性的研究产物供广大读者参考。事实上，河湖生态复苏还刚刚发轫，需要开展的工作尚有很多。为此，只能以讨论和展望的方式作为结尾。

第一节　讨　论

(1)国家对于河湖生态复苏的重视毋庸置疑，但具体河湖生态复苏的程度和进度应慎重把握。

党的十九大以来，习近平总书记就河湖健康问题连续发表重要讲话，提出了“让黄河成为造福人民的幸福河！”的号召，解决河湖生态问题被提到了更高的地位。2020 年 3 月 31 日，水利部办公厅下发了《关于开展全国生态流量保障重点河湖名录编制工作的通知》，要求编制全国生态流量保障重点河湖名录，分批分级确定生态流量(水位)目标并开展保障工作。时至 2024 年，水利部部长李国英在 2024 年全国水利工作会议的讲话中，将一批国家级重点河湖生态复苏工作明确为新年工作重点。可以预见，河湖生态复苏工作将越来越得到重视。然而，全国各地河湖自然禀赋迥异，人类活动影响千差万别，复苏目标不宜一刀切。特别是缺水地区季节性河湖生态复苏，鉴于后疫情时代面临的实际困难，推进的程度和进度要科学谋划，避免成为虎头蛇尾的烂尾工程或好大喜功的面子工程。

(2)类似于山东省这样的北方缺水地区，其境内具有一定季节性水文特征的河湖能否归为季节性河湖的范畴，可以加强讨论。

山东省是我国北方地区典型的缺水省份，这一认识目前没有争议。然而，其境内的河湖，虽其水源补给绝大部分来自降雨、水势随季节变化很大，但却很难明确出有水期和无水期，一些学者并不同意将其纳入季节性河流的范畴。研究认为，全国各地的河、湖或多或少都会随季节变化而出现水流、水位的规律性波动，但当这些波动已经明显地影响到生态基流(或水位)时就应当认定是季节性河湖。调查表明，山东省境内的河湖虽然也面临洪水泛滥的威胁，但在枯水年份或枯水季节断流干涸现象司空见惯。所以，虽不像我国西北内陆河流那么典型，但称它们为季节性河湖一点也不过分。

(3)河湖生态复苏中制定的生态基流保障目标是否需要设置保证率，值得进一步研究。

很多学者认为，生态基流就是在任何年份都要保障的流量，没有设置保证率的必要，如果非要设置那就设为 100%。这一主张给缺水地区基础管理人员造成了巨大的压力，因为他们面临着各级考核。在他们看来，目前的供水论证，无论是城镇生活还是工业生产都有明确的保证率要求，低的可以设为 90%，最高的也不过 97%，达到 100%既没有法规依据也缺乏现实可行性。事实似乎也确实如此，设想在一个特枯年份，正常供水已无法实现,有没有可能耗费巨大的人力、物力和财力为河流生态补水？理论和现实终究存在差距。我们的观点认为,生态基流保障目标保证率设或不设都不应当降低该项工作的地位和严肃性,但为便于推行,建议在设置考核指标时可以明确一些免责条件,例如流域年降水频率达到95%以上、遭遇重大自然灾害等。

(4)河湖生态复苏的内涵尚未达成共识,需要开展深入研究。

对于河湖生态复苏内涵的讨论一直没有停止过,可谓是“横看成岭侧成峰,远近高低各不同”。例如,从事生态保护的人说,保障生态流量是基础;负责环境治理的人说,达不到水质标准的生态流量不可能是生态的;承担河湖洪涝灾害防御的人说,河湖是行洪通道,只有具备了一定防洪能力的河湖才可能走向复苏;开展水文化建设的人说,没有融合水文化的河湖生态复苏就如同行尸走肉。他们说的都有道理,又似乎都不全面。研究认为,河湖生态复苏也有一个从低级到高级的过程,最终的目标应当是兼顾河湖的各项生态和社会服务功能,可称之为“流动的河湖、平安的河湖、洁净的河湖、文雅的河湖”。具体的复苏历程,则要因河、湖而异了。

(5)河湖生态复苏过程中,工程基础与机制保障间的优先顺序,值得继续实践探索。

河湖生态复苏势必会设定生态流量保障目标。而生态流量是维系河湖生态功能、控制水资源开发强度的重要指标,是统筹生活、生产和生态用水,优化配置水资源的重要基础,事关水安全保障和生态文明建设大局。在此过程中,是应当强调“工程是基础”多一些,还是“先建机制后建工程”多一些呢？调查表明,上层的顶层设计者更倾向于完善管理机制,在不增加太多投资的前提下可以挖掘现有工程调度的潜力;基层的措施落实者则愿意开展更多的工程建设任务,成果看得见摸得着,成效显著。实际情况是,对于流域水资源开发已达到较高水平的区域,大力健全管理机制,特别是强化闸坝联合调度,基本上可以实现生态流量保障的阶段性目标。但为了调动基层人员的积极性,允许他们不失时机地组织开展一些基础设施建设,往往能达到皆大欢喜的成效。建管并行,目前仍是一条可行的推进之路。

第二节　展　望

河湖生态复苏的关键点在哪儿？或许能从水利部前部长鄂竟平的讲话中找一些可以借鉴的答案。他在2019年全国江河流域水资源管理现场会上说:进入新时代产生的新的三大问题,也就是水资源、水生态、水环境这三大新的水问题,究其根源,最主要的原因就是水资源的过度开发利用。又说:或者讲“要在治理”就是要死死地盯住水资源过度开发这件事。“要在治理”,主要就是要控制水资源过度开发。水资源过度开发问题,在缺水地区,解决起来尤为困难。所以,山东省的河湖生态复苏问题,表面是生态保护与修复问题,其根本却是水资源配置和管理问题。如此说来,问题变得越复杂了。

面向未来,对于缺水地区季节性河湖生态复苏工作,我们认为至少需要做好六大方面的支撑:

(1)法制支撑。截至目前,国家各级部门对于河湖生态流量的保障,多限于规范性文件层次,远未达到法制支撑的需求。建议尽快完善河湖生态流量保障的法制体系,包括生态用水的法定地位、水资源配置的优先顺序、水利基础设施建设相应功能的法定配套、闸坝体系调度管理法定要求等，以便于从河湖生态复苏角度和法律层面持续“调整人的行为，纠正人的错误行为”。

（2）社会支撑。一切法定的要求，都要融入社会民众的行为之中才能发挥效力。因此，在建立法制支撑的基础上还应迅速构建社会支撑。一方面是要扩大宣传引导，帮助广大群众及时转变观念，积极配合继而参与到河湖生态复苏过程中；另一方面，是要探索出台相应激励政策，吸引社会力量、社会资本进入相关领域，为河湖生态复苏作出更多贡献。

（3）标准支撑。河湖生态复苏社会支撑体系得到有序发展的重要条件之一，就是逐步形成具有较高权威的标准体系。为此，建议针对河湖生态复苏的各相关环节和技术要点，尽快研究制定相应的规范标准和实施规程，建立起科学严密的标准体系。例如，河湖季节性水文特征分析规程、河湖生态复苏流量保障目标标准、河湖生态复苏配置与实施规程等。

（4）技术支撑。不可否认，过去很长一段时期，水利部门把精力主要集中在河湖大流量的管控上。因此，无论是防洪标准、防洪调度技术，还是防洪基础设施的建设、监测，都得到了充分发展。但对于以小流量为主要特征的生态流量保障技术的研究，明显滞后。特别是河流小流量监测、预警、调度以及相关设施建设施工技术，亟待实现质的提升。

（5）设施支撑。缺水地区季节性河湖需要同时面临缺水和防洪的压力，为支撑生态复苏所需建设的基础设施也更多更繁杂一些。建议以现代水网建设为契机，把河湖生态复苏的设施配套要求纳入其中，特别是要尽快完善重点河湖水情监测“一张网”，通过对降雨、流量、水量、水位等观测，以及对取水口、入河排污口、用排水大户等的监测，实现全流域全层级无缝隙监测网络覆盖，配套建立预报预警和实时调度机制，为河湖生态复苏提供强有力的工程设施基础。

（6）组织支撑。如果说河湖生态复苏是一项极具挑战性的事业，前述5项支撑相对来说都可以逐步实现，真正困难的恰恰是来自不同部门、层级和专业的人能否形成合力，也即组织支撑。实践告诉我们，克服组织障碍需要强大的一以贯之的领导力量，需要自上而下达成共识、科学传导压力。那些印发的文件和制订的方案，往往由于组织不力而无法得到全面落实。这方面支撑存在的短板，需要尽快补上。

参考文献

[1] 田守岗,范明元. 水资源与水生态[M]. 郑州:黄河水利出版社,2013.

[2] 全国干部培训教材编审指导委员会. 生态文明建设与可持续发展[M]. 北京:人民出版社,2011.

[3] 张焱. 水与生态文明建设[M]. 武汉:长江出版社,2013.

[4] 刘勇毅,徐章文,刘肖军,等. 水资源动态循环管理[M]. 济南:泰山出版社,2014.

[5] 杜贞栋,刘彩虹,王爱芹,等. 山东省水资源可持续利用研究[M]. 郑州:黄河水利出版社,2011.

[6] 赵春明,周魁一. 中国治水方略的回顾与前瞻[M]. 北京:中国水利水电出版社,2005.

[7] 郑通汉,许长新,徐乘. 黄河流域初始水权分配及水权交易制度研究[M]. 南京:河海大学出版社,2006.

[8] 许凤冉,阮本清,王成丽. 流域生态补偿理论探索与案例研究[M]. 北京:中国水利水电出版社,2010.

[9] 左其亭,王树谦,刘廷玺. 水资源利用与管理[M]. 郑州:黄河水利出版社,2009.

[10] 张盛文. 生态文明视野下的水文化研究[M]. 厦门:厦门大学出版社,2012.

[11] 刘海娇,刘彩虹,王爱芹,等. 水利体制机制创新与实践[M]. 郑州:黄河水利出版社,2021.

[12] 张欣,徐丹丹,范明元,等. 区域节水型社会评价与创建[M]. 郑州:黄河水利出版社,2023.